"中国人民大学科学研究基金（中央高校基本科研业务费专项资金资助）项目成果"，入选 "中国人民大学人文社科类学术成果库"。

京津冀黑碳污染协同治理研究

郭　珊　著

九州出版社
JIUZHOUPRESS

图书在版编目（CIP）数据

京津冀黑碳污染协同治理研究／郭珊著． -- 北京：
九州出版社，2025.9. -- ISBN 978-7-5225-3870-9

Ⅰ. X513

中国国家版本馆 CIP 数据核字第 20254ME300 号

京津冀黑碳污染协同治理研究

作　　者　郭　珊　著
责任编辑　沧　桑
出版发行　九州出版社
地　　址　北京市西城区阜外大街甲 35 号（100037）
发行电话　（010）68992190/3/5/6
网　　址　www.jiuzhoupress.com
印　　刷　三河市华东印刷有限公司
开　　本　710 毫米×1000 毫米　16 开
印　　张　15.5
字　　数　208 千字
版　　次　2025 年 9 月第 1 版
印　　次　2025 年 9 月第 1 次印刷
书　　号　ISBN 978-7-5225-3870-9
定　　价　95.00 元

前　言

　　近年来，中国空气污染问题愈加严重，特别是$PM_{2.5}$中的关键成分黑碳，对环境和人体健康造成了严重威胁。作为大气颗粒物的重要组成部分，黑碳不仅会导致空气质量下降，还对全球气候变暖有显著的增温效应，甚至超过了甲烷，其增温效应约为二氧化碳的三分之二。然而，当前的空气污染治理措施主要针对$PM_{2.5}$，对黑碳的关注和重视远远不足。京津冀地区作为中国北方最大的城市群和经济体，近年来空气污染问题显得尤为严重，黑碳减排已成为亟待解决的核心问题。

　　京津冀地区位于我国华北平原北部，是推动中国经济社会全面发展的核心经济体之一。然而，伴随着经济的快速增长和城市化的不断扩张，该地区的空气污染情况在近些年尤为严重和集中。正是基于这一背景，京津冀协同发展成为党中央在新的历史条件下作出的重大决策部署，旨在推动区域间的协调发展，实现资源的高效配置。自协同发展战略提出以来，京津冀三地的空气污染问题呈现出明显的空间相关性和复杂性。因此，2018年国务院出台的《打赢蓝天保卫战三年行动计划》，将京津冀地区划为重点区域，强调通过多种手段减少大气污染物排放，并明确温室气体和大气污染物协同减排的重要性。但目前京津冀地区的生态补偿政策仍处于试点阶段，尚未形成长效机制。区域发展的不平衡不仅加剧了生态环境的恶化，也导致污染治理责任难以明确。现有政策多关注区域内直接排放，忽视了区域间的污染转移以及其所带来的环境负担。如何精准识别隐含在京津冀贸易网络中的污染转移现象，明确各地在黑碳减排中的责任，成为实现科学治霾、精准治霾的核心。本研究通过量化京津冀黑碳传输的空间分布及作用机制，提出区域协同治理的对策，使黑碳污染治理从局部治理走向区域一体化，实现三地共同受益、共担成本、共同发展的长效目标。

为应对这一问题，本研究从多区域跨尺度和府际合作的视角出发，提出了两个主要研究内容：（1）探究京津冀各地区之间的贸易关联对京津冀黑碳排放和区域间黑碳转移的综合影响。在大气污染物中，黑碳是$PM_{2.5}$的重要组成部分，无论是对环境还是人体健康都会产生很大危害。但目前大部分的气候治理措施仅针对$PM_{2.5}$，黑碳在大气污染物治理中受到的重视远远不足。本研究以黑碳为主要研究对象来刻画京津冀大气污染与排放状况，从多区域跨尺度、府际合作视角探究京津冀黑碳传输以及治理策略。拓展已有的多区域投入产出模型，构建多区域跨尺度投入产出模型，核算京津冀各地区的黑碳排放清单，量化京津冀区域黑碳排放的空间分布格局，从消费视角解析京津冀各地区黑碳的虚拟传输路径，辨析京津冀区域黑碳传输的作用机制。（2）基于京津冀地区黑碳传输的空间分布结果，进行京津冀生态补偿机制构建。由于黑碳排放的接收地区与生产地区存在区域间不均衡，因此生态补偿机制的调节作用显得尤为重要。本研究在量化京津冀区域间黑碳传输及其空间分布的基础上，进一步界定虚拟黑碳传输视角下京津冀地区的生态补偿主体（支付方与受偿方），遵循"按需补偿、统筹协调、补偿明确"的原则，结合虚拟黑碳传输的空间量化数据库，通过多区域投入产出模型和环境健康价值评估模型核算京津冀区域间生态补偿价值。基于虚拟黑碳流动数据库和生态价值核算数据库，综合生态补偿主体和生态补偿方式的设定，搭建生态补偿管理平台。同时，基于黑碳传输及其空间分布的形成机理，科学划分空气污染联合减排区域，准确界定区域减排责任，针对严重污染地域、主要污染产业、关键污染部门，从治理结构、产业升级、消费贸易结构调整等方面提出京津冀黑碳污染协同减排的区域间差异化措施。

本研究在以下方面具有创新性：（1）研究视角的创新：拓展已有的研究视角，从多区域跨尺度、府际合作视角探究京津冀黑碳传输及其治理策略。目前，关于多区域视角下虚拟黑碳传输的研究较为丰富，但随着京津冀地区贸易关联的增强，如何构建我国省级与京津冀区域尺度的耦合关系，并识别各地经济贸易活动对京津冀黑碳传输的影响，已成为实现京津冀协同发展亟待解决的问题之一。这一研究视角不仅揭示了黑碳传输的空间关联性，还为理解区域污染治理提供了新的思路。因此，本研究从多区域跨尺度视角量化京津冀虚拟黑碳排放在中国-京津冀贸易网络中的空间格局具有较强的创新性。（2）研究内容的创新：以黑碳气溶胶为主要研究对象来阐释京津冀大气污染排放状况。黑碳是 $PM_{2.5}$ 的重要组成部分，其对环境和人类健康的危害使降低黑碳排放成为当前关注的焦点。但这一指标在我国还未受到足够重视，当前的缓解大气污染的措施主要针对 $PM_{2.5}$，而忽略了其中更为重要的组分——黑碳。因此，本研究构建了我国各省区市与京津冀各地区的多尺度耦合关联，识别我国各省区市的经济贸易活动对京津冀黑碳传输的影响，从多区域跨尺度视角量化京津冀虚拟黑碳传输在中国-京津冀的多区域跨尺度网络中的空间格局。

本研究的研究结果显示：（1）隐含黑碳排放系数与当地经济条件呈负相关关系。排放系数高的地区通常向低排放系数的发达地区提供排放密集型商品和服务，从而导致区域总排放量增加。这主要是由于目标冲突和治理碎片化，当发展中地区的地方政府在面临短期经济效益和长期环境保护的权衡时，普遍存在"先污染后治理"的理念，经济发展战略往往被优先考虑，而环境保护战略则相对滞后。在当前京津冀区域发展战略背景下，北京和天津是黑碳排放的主要转移方，区域内产生的大量消费需求主要由河北省承担，而由于技术欠缺以及产品的排放密集型属性，河北省面临较大的黑碳减排压力。同时，这也导致京津冀区域整体黑碳排放水平的增加。（2）从生态补偿视角来看，在全国范围内，京津冀地区承担了环境污染接收方的角色，需要接收我国其他省份的生态补偿；而在京津冀区域内部，不同地区之间的补偿额度差异较大，这是由于商品和服务提供者的经济状况对补偿额度具有显著影响，在其他条件相同的情况下，经济发展水平较高的地区通常获得更多的生态价值补偿。在补偿主体方面，应遵循"谁受益，谁付费"的原则，形成政府主导、全社会参与的补偿形式。在补偿标准方面，需要建立京津冀区域间虚拟黑碳流动数据库和生态价值核算数据库，综合考虑生态系统服务价值、虚拟黑碳传输量和社会经济发展水平。

基于上述分析，本研究为京津冀大气污染系统减排策略提供以下建议：首先，确立"源—汇"系统性治理思路：在"源头控制"方面，通过生产—消费视角，进行能源结构调整、技术创新、严格排放标准等减少生产端排放，鼓励、引导绿色消费，加强公共交通建设等措施降低产品消费端排放；通过产业结构视角，强调能源部门、交通部门、工业部门和居民部门在减排中的重要性，包括提升发电效率、优化能源利用、转变交通出行方式、采取新工艺和技术、改善居民消费结构等；通过区域协调视角，针对京津冀区域内部的"同"和"异"，建议通过建立统一减排目标、标准和机制，并在区域内部建立补偿机制，由京津两地对河北进行长期有效的排放补偿。而"末端措施"成本相对更高，效果更低，但通过造林绿化等措施也有助于加快对已排放黑碳的吸收。其次，针对区域间差异建立差异化治理措施：通过加强监管措施，促进不同地区产品排放强度的均衡，提高发展中地区提高监管标准；明确排放责任，通过强调消费者和生产者共同承担责任的重要性，鼓励购买低排放产品，并针对不同地区提出具体措施；推进分散化与多中心化，将单一首都城市中心的发展模式转变为多中心城市群，优化协同发展的空间结构。最后，应完善京津冀跨区域横向生态补偿机制：明确生态补偿主体，清晰界定责任方和受益方；明确补偿标准，建立以中央政府补偿为主、地方区域间横向补偿为辅的生态补偿机制，开辟多元化补偿渠道；确立补偿方式，根据发达地区的经济、技术水平为欠发达地区提供多样化的资金与技术补偿。

该研究成果入选"中国人民大学人文社科类学术成果库"，为中国人民大学科学研究基金（中央高校基本科研业务费专项资金资助）项目成果。

目 录
CONTENTS

图目录

表目录

第一章

绪　论

第一节　研究背景与意义

一、研究背景

中国的环境问题，尤其是空气污染，伴随着快速城市化和工业化的进程而出现，引发了一系列较为突出的健康和经济问题。京津冀地区是中国北方最大、最活跃的城市群经济体，伴随着其经济的迅速增长，资源环境压力日益凸显，大气污染等问题随之加剧。根据生态环境部发布的全国环境空气质量状况，京津冀的空气污染的程度与以往相比呈现出逐渐加重的趋势，河北省的 6 个城市位列中国环境空气质量最低的 20 个城市名单之中。持续的大气污染不仅威胁健康，还成为区域发展的制约因素。

2022 年京津冀地区的 $PM_{2.5}$ 平均浓度为 44 微克/立方米，较去年上升 2.3%，是世界卫生组织标准（10 微克/立方米）的四倍。$PM_{2.5}$ 不仅浓度高，还包含了黑碳这一高度致霾的成分，作为大气颗粒物的重要组成部分，黑碳不仅会导致空气质量下降，还对全球气候变暖有显著的增温效应，甚至超过了甲烷，其增温效应约为二氧化碳的三分之二。然而，当前的空气污染治理措施主要针对 $PM_{2.5}$，对黑碳的关注和重视远远不足。

京津冀地区的空气污染问题具有强烈的空间相关性和复杂性。随着京津冀地区合作发展，应在空气污染联防联控的基础上，明确各个城市的大气污染减排责任。黑碳的跨区域特性决定了其减排必须通过协同治理来实现。黑碳的减排责任分配与其他大气污染物一样，亟须纳入区域协同治理的框架。2018 年国务院出台《打赢蓝天保卫战三年行动计划》，将京津冀划为重点区域范围，强调通过多种手段协同治理，减少大气污染物排放总量，进一步明显降低 $PM_{2.5}$ 浓度，改善空气环境质量。虽然 $PM_{2.5}$ 控制是重点，但黑碳的治理同样至关重要。加强针对黑碳的区域协同减排措施，将成为未来治理空气污染的一项关键环节。

2018 年最新修订的《大气污染防治法》总则从法律层面上明确了推进温室气体和大气污染物协同减排的重要性和必要性，旨在通过制度设计明确雾霾治理目标和要求，强化各级地方政府雾霾治理责任，实现社会、经济、生态的全面可持续发展。黑碳作为温室气体和空气污染物的共同组成部分，其协同减排应成为未来制度设计中的重要考虑。通过引入对黑碳的控制，地方政府可以更加系统地推动雾霾和气候变化的双重治理。尽管京津冀地区大气污染呈现出空间相关性和复合性的特点，但现有政策大多仅关注各地行政边界内生产视角下的直接排放，这种传统的属地防治手段已不能有效解决该地区大规模区域性大气污染问题。传统政策忽视了这一现象，导致黑碳治理效果有限。因此，随着京津冀协同发展的不断推进，明晰各地区减排目标和责任，推进京津冀地区大气污染共同治理，实现区域大气污染联防联控已成为必然趋势。

京津冀协同发展是以习近平同志为核心的党中央在新的历史条件下做出的重大决策部署，在京津冀协同发展的漫长演化过程中，出现了资源配置不均衡、地区发展不平等的现象，进一步加剧了地区生态环境的恶化。党的十八大以来，在以习近平同志为核心的党中央坚强领导下，我国深入实施区域协调发展战略，立足于解决发展不平衡、不充分的问题，改革完善相关机制和政策，推动区域优势互补、城乡融合发展。为贯彻落实区域协调发展战略，2014 年政府报告中提出京津冀一体化的概念，旨在加强环渤海及京津冀地区经济协作，推动地区之间的专业化分工体系建设，实现资源的高效配置和区域协同发展。同年，将京津冀协同发展战略上升为国家重大发展战略，成立京津冀协同发展领导小组，审议并通过《京津冀协同发展规划纲要》；印发实施全国首个跨省市的区域五年规划《"十三五"时期京津冀国民经济和社会发展规划》；制定产业转移、税收分享方案，加强交通、产业、生态领域一体化发展；建立雄安新区和北京城市副中心，进一步疏解北京的非首都功能。随着相关政策规划等顶层设计不断完善，京津冀协同发展路径逐渐明晰，三地政府分工逐渐明确，在市场激励措施设计、企业合作创新等方面均取得了较大进展。但是，京津冀协同发展是一个长期的演化过程，也是一个漫长的博弈过程，在三地发展主体利益协调中，出现了地区经济发展不平衡，资源配置不均衡，环境污染日益严重等问题。为应对生态环境危机并积极落实京津冀协同发展战略，在中央政府的推动下，京津冀地区先后实施了"京津风沙源治理工程""塞北林场工程""退耕还林还草工程"等项目，成立了北京市划拨专项资金，印发了《河北省生态补偿金管理办法》，着力将京津冀三地的经济发展与生态补偿相结合。

2005 年，我国首倡"谁开发谁保护、谁受益谁补偿"的生态补偿机制，此后的各个年度生态补偿机制建设都被列为我国政府工作的重要内容。我国提出要用严格的法律制度来保护生态环境，并制定和完善与生态补偿相关的法律法规。2016 年 5 月国务院颁发的《关于健全生态保护补偿机制的意见》提出进一步健全生态保护补偿机制，加快推进生态文明建设。目前，跨地区、跨流域补偿试点示范已取得明显进展，多元化生态补偿机制已初步建立。尽管包括京津冀在内的全国各地区都采取了一系列生态补偿措施，但仍存在诸多问题，如没有制定统一的法律和政策规制；生态补偿标准方式单一；强调区域内管制，忽略区域间协调等。在京津冀协同发展进程中，地方政府从生态补偿方面获得的激励效果并不显著，随着京津冀协同发展的不断推进，构建多维补偿机制，开展跨区域横向生态补偿以及生态项目合作，推动三地实现资源利用、污染治理和生态保护的协同运作，形成成本共担、收益共享的良性互动机制将是必然趋势，对京津冀协同发展有着重要的促进作用。

二、研究意义

（一）理论意义

黑碳是大气颗粒物的重要组成部分，是化石燃料和生物质燃料不完全燃烧形成的细微碳颗粒（Aashish，2011；Wang et al.，2012）。黑碳气溶胶对气候变暖具有负面影响，对环境的影响甚至超过了甲烷，其增温效应约为二氧化碳的三分之二（1.1W/m2），是仅次于二氧化碳的气候污染物（Ramanathan and Carmichael，2008；Bond et al.，2013；Cai et al.，2016；Jia et al.，2019；Shirsath and Aggarwal.，2021）。此外，哮喘、心脏病和肺癌等疾病，都被证实与黑碳排放有关，并且黑碳对心血管系统会产生一系列亚临床效应（Guo et al.，2012；Meng et al.，2016）。由于黑碳在大气污染物当中是重要组成部分，其排放对环境和人体健康的危害显著，因此针对黑碳的减排应逐渐提上日程。然而，黑碳在中国的大气污染防治政策中并没有得到足够的重视。当前的大气污染缓解措施主要针对细颗粒物（$PM_{2.5}$）排放，而忽视了其重要组成部分，即黑碳。由于黑碳对生态环境和人类健康的危害，如何降低黑碳的排放量应成为人们关注的焦点。本研究以黑碳气溶胶为研究对象，对京津冀虚拟黑碳传输及生态补偿机制进行了系统性研究，为京津冀地区科学治霾、精准治霾提供数据支撑和理论依据。

在当前全球化的背景下，贸易不均衡所引发的一系列区域差异和环境问题受到越来越多的关注。本研究将由贸易所引起的直接和间接的黑碳排放转移称为"虚拟黑碳传输"。京津冀一体化增加了京津冀各省市的贸易关联，但贸易对京津冀黑碳排放的影响仍未被充分探究。京津冀各省市之间的虚拟黑碳排放以怎样的形式进行转移？这些排放的转移对京津冀地区乃至全国其他地区的环境污染造成了什么影响？目前，尚未有研究对这一系列问题给出明确答案。本研究对京津冀各省市隐含在全国-京津冀贸易网络中的虚拟黑碳排放转移进行多区域跨尺度研究，全面客观地刻画京津冀各区域隐含于贸易中的黑碳传输及其空间分布，在此基础上制定合理公平的减排责任分配机制。

（二）实践意义

京津冀地区作为我国北方经济规模最大、发展活力最强的地区，经济快速发展以及城市一体化进程的加快导致了该地区空气污染排放高度集中。而区域间发展不平衡、不协调的突出矛盾，更是加剧了生态环境的恶化，严重威胁到区域的可持续发展。目前，京津冀地区面临的一系列污染治理问题，很大程度是未能及时、精准地识别隐含在贸易网络中的黑碳排放流动。在京津冀协同发展已上升为国家重大战略的背景下，隐含在贸易网络中的污染物的空间转移现象使得河北承担过度的污染排放，加剧了区域间发展不均衡。因此，本研究对京津冀各地区黑碳传输及其空间分布的量化，理解其作用机制，从机理上分析京津冀协同治霾的关键问题，量化隐含于贸易网络中的污染物的空间转移现象，制定了京津冀协同治霾对策，使黑碳污染治理由局部治理走向区域一体化治理，实现三地共同受益、共担成本、共同发展的长效目标，从而解决区域发展不平衡问题，有助于实现京津冀地区经济社会协调发展。

作为京津两地重要的生态屏障，河北特别是冀北地区摆脱落后经济发展水平的需求与保护生态环境的矛盾突出。随着京津冀协同发展的不断推进，建立区际生态补偿机制，形成成本共担、收益共享的良性互动机制显得尤为重要。生态补偿旨在实现可持续的生态系统服务，运用经济手段调节利益相关者关系的制度安排，是保护生态环境、优化资源配置、协调区域发展的有效手段。近年来，京津冀地区在生态补偿方面已经进行了一些有益的尝试。但目前这些补偿政策主要是通过中央财政的纵向转移支付实现，缺乏生态补偿横向转移支付。因此，本研究从隐含黑碳排放的视角研究跨区域横向生态补偿机制，基于京津冀区域间隐含黑碳流动数据库对生态价值进行核算，并在此基础上提出了公平合理的减排责任分配机制和生态补偿机制。

第二节　研究内容

一、研究对象

（一）区域间贸易活动对京津冀黑碳传输的影响

1. 研究内容一：京津冀区域间黑碳传输的空间关联

基于中国各省区市及京津冀 13 个地区的多区域多产业贸易关联数据，构建中国-京津冀多区域跨尺度嵌套贸易网络结构，运用投入产出分析方法，从消费视角核算京津冀各省市的黑碳排放清单，量化京津冀区域间黑碳的空间分布格局，并刻画其传输路径。

2. 研究内容二：京津冀区域间黑碳传输的作用机制

基于多区域投入产出模型，从生产和消费两个角度综合分析京津冀各省市间黑碳的实际传输和虚拟传输路径，并通过对区域间大气传输方向的识别、贸易结构关键节点和路径的解析，系统分析京津冀区域间黑碳传输的作用机制。

（二）京津冀大气污染协同减排策略研究

本研究以京津冀区域间黑碳传输及空间分布的结果为数据支撑，在京津冀协同发展战略背景下，基于联防联治、利益均衡视角协调三地政府，设计京津冀黑碳污染协同减排对策，并对生态补偿机制体系进行补充优化。具体研究内容包括：

1. 研究内容一：基于生态补偿机制视角的京津冀黑碳污染协同减排策略研究

基于京津冀区域间黑碳传输及其空间分布的量化结果，界定虚拟黑碳传输视角下京津冀地区的生态补偿主体；结合虚拟黑碳传输的空间量化数据库和环境健康价值评估模型，核算京津冀地区间生态补偿价值；设计以资金补贴为主，以技术投入、项目建设、人才支持等方式为辅的立体化补偿体系；搭建生态补偿管理平台，形成中央政府的纵向补偿和京津冀 13 个地区间横向补偿的混合补偿方式。

2. 研究内容二：基于贸易视角的京津冀黑碳污染协同减排策略研究

基于黑碳传输及其空间分布的形成机理，科学划分空气污染联合减排区域，准确界定区域减排责任，针对严重污染地域、主要污染产业、关键污染部门，从治理结构、产业升级、消费贸易结构调整等方面提出京津冀黑碳污染协同减排的区域间差异化措施。

二、研究目标

在京津冀区域协同发展背景下，地区间的相互依存度逐渐提高，贸易变化牵一发而动全身。面对区域间发展的不平衡，贸易的变化风险，资源的过度开发，京津冀地区需要密切关注自身在全国贸易网络中的地位变化，及其所引发的我国虚拟黑碳传输。如何通过开展京津冀多区域跨尺度的虚拟黑碳传输研究，构建科学合理的跨区域横向生态补偿机制，是实现京津冀地区资源可持续利用和区域协调发展的关键。

（1）基于多区域跨尺度投入产出模型，探究区域间贸易对京津冀黑碳传输及其空间分布的影响，揭示京津冀区域间黑碳传输及其空间分布的形成机理和影响效应。

（2）基于京津冀虚拟黑碳传输的数据结果，核算污染治理机会成本价值，界定生态补偿主体，设定生态补偿方式，搭建生态补偿管理平台，构建京津冀跨区域横向生态补偿机制。

（3）基于对京津冀黑碳传输的空间量化和形成机制，明确不同地区的减排目标与责任，从消费贸易结构调整等方面提出京津冀黑碳污染协同减排的区域间差异化措施。

（4）基于京津冀虚拟黑碳传输的数据结果，核算污染治理机会成本价值，界定生态补偿主体，设定生态补偿方式，搭建生态补偿管理平台，构建京津冀跨区域横向生态补偿机制。

三、研究重难点

（1）京津冀黑碳传输在我国日益复杂的贸易网络中变得更加复杂。如何拓展已有的研究视角，从多区域跨尺度的视角建立模型对京津冀各省市间黑碳的实际传输和虚拟传输进行空间关联的精确量化是本研究拟解决的第一个研究难点。

（2）本研究拟制定京津冀大气污染协同减排的对策方案，需要对各地区的减排目标和责任进行清晰界定。目前京津冀跨区域的生态合作治理模式尚未形成，京津冀三地政府行政地位的差异造成三地合作的困境，如何构建京津冀横向跨区域的生态补偿机制是本研究拟解决的第二个研究难点。

第三节 研究思路与方法

一、研究思路

本研究在京津冀协调发展、空气污染联防联控联治的战略背景下，基于多区域投入产出模型，核算京津冀各省市之间的黑碳排放清单，量化京津冀区域间黑碳的空间分布格局，分析黑碳传输及其空间分布的形成机制和影响效应。最后，从生态补偿机制构建视角提出京津冀大气污染协同减排对策。

二、研究方法

（一）文献调研法

广泛查阅国内外大气污染和生态补偿研究领域的相关文献及书籍，重点掌握虚拟黑碳传输空间量化和生态补偿机制构建的研究方法，并通过文献调研初步识别京津冀黑碳传输的关键影响因素。

（二）问卷调查及专家访谈法

选取具有大气污染治理和生态补偿经验的政府、科研院所、企业等相关人员进行问卷调查和深度访谈，识别京津冀协同治霾的关键问题。

（三）多区域跨尺度投入产出分析方法

投入产出分析方法用于研究经济系统中各个部门之间投入与产出的相互依存关系，将各区域的投入产出表通过区域间复杂的商品贸易网络连接起来，以明确不同区域不同产业之间的相互关联，也能同时反映不同区域产业结构与技术水平之间的差异所引发的资源利用效率的差异。

本研究将首先结合采集到的我国多区域投入产出表及京津冀 13 个

地区的区域间贸易数据，以系统内各生产性单元为研究对象建立体现黑碳要素的平衡方程来核算虚拟黑碳排放强度这一基本指标，并基于虚拟黑碳排放强度进一步核算我国各地区的消费和贸易活动所传输的黑碳排放量，最终刻画虚拟黑碳传输的空间格局。

（四）环境健康价值评估

人类的健康与生态系统服务之间有着密切关系，由于环境污染导致人体患病、致残或死亡，造成医疗费用的增加，从而使本人或者社会的总体收入降低。根据环境健康价值评估理论，黑碳污染所带来的生态补偿价值评估思路通常分为两个步骤，首先分析并估算黑碳浓度变化带来的健康效应变化，其次对该健康效应进行货币化评估，计算健康效应变化带来的经济效益变化。将健康效应转化为经济效益时，采用意愿支付法和疾病成本法。意愿支付法可以直接有效地测量人们对改善自己和他人健康愿意支付的金额，其优点在于能反映被测量人群的个人意愿和偏好，较为全面地反映由于疾病或过早死亡给个人带来的经济损失等负效用。疾病成本法主要测量疾病终端的成本，通常包括医疗费用和误工导致的收入损失等。

本研究的技术路线图如图1-1所示。

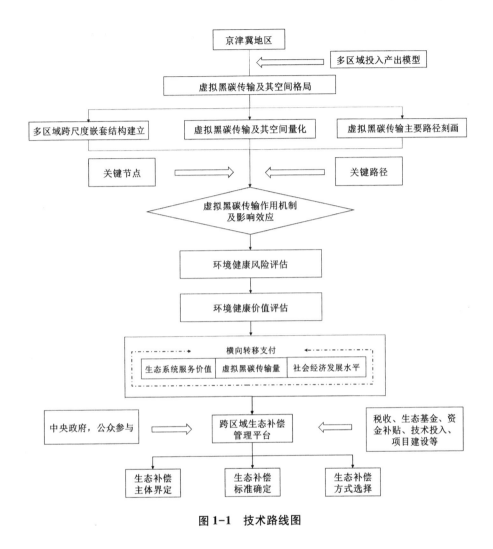

图 1-1 技术路线图

第四节 本章小结

随着京津冀地区协同发展进一步加深，经济快速增长和城市化不断扩张，其空气污染情况在近年来显得尤为严重且集中。本研究在京津冀协调发展、空气污染联防联控联治的战略背景下，致力于探索大气污染治理由局部治理向区域一体化的治理模式，构建三地共同受益、共担成本、共同发展的长效目标实现路径。

　　将由贸易引起的直接和间接的黑碳排放转移称为"虚拟黑碳传输"。京津冀一体化增加了各省市之间的贸易关联，而贸易对京津冀黑碳排放的影响还属于未被完全探究的领域。本研究对京津冀各省市隐含在全国-京津冀贸易网络中的虚拟黑碳排放转移进行多区域跨尺度研究，全面客观地刻画京津冀各区域黑碳传输及其空间分布，在此基础上制定更合理的减排责任分配机制。

第二章

文献综述

第一节 国内外研究现状

一、黑碳研究进展

（一）黑碳来源与排放测算研究

黑碳是一种形成于含碳物质的燃烧过程且不溶于水、有机溶剂以及其他气体溶剂的物质。黑碳是导致气候变暖的重要因素之一，它在大气中吸收太阳辐射导致地表温度上升，同时也通过影响水的形成与凝结进而对生态系统的水循环产生影响。已有研究显示，全球各地区的黑碳排放由于大气环流以及地区特殊的地理气候条件，会逐渐向喜马拉雅和青藏高原地区聚集与沉降，进而引起冰川的加速融化（Chow et al.，1992；Hansen et al.，2000；王志立等，2008；Harrison et al.，2012；Huang et al.，2015；封艺，2018）。我国作为黑碳排放大国，其黑碳排放主要来源于化石燃料燃烧、交通运输、农业焚烧等活动（冯辰龙等，2023）。Wang 等（2022）通过建立以 2015 年为基准年的中国黑碳排放清单，预测了 2016—2050 年期间中国每年黑碳排放量。研究结果显示，2015 年中国黑碳总排放量为 0.11 亿吨，而到 2050 年，预测情境下中国黑碳总排放量预计下降至 0.03 亿吨。目前国内外学者对于黑碳的研究主要是从其来源与排放测算、排放区域特征及其影响效应等角度展开。

对于黑碳的形成来源与排放测算，已有研究大多采用排放清单估计、大气采样分析方法和化学传输模型进行界定和量化。（1）黑碳排放清单是指在一定的研究范围和时段内，各类黑碳污染源排放到大气中的黑碳污染物的集合。该测算方法主要涉及经济活动数据和排放因子这两个参数，其中经济活动数据主要源于经济社会等统计资料，排放因子与燃料燃烧方式和排放控制措施相关。构建黑碳排放清单需要先将燃烧过程分类以界定不同来源的黑碳排放，然后在此基础上估算具体排放量。例如 Lu 等（2019）基于经济活动与排放因子数据估算了中国化石燃料消费在同行业中产生的黑碳排放，研究结果显示 2015 年中国黑碳排放主要来源于工业、住宅和交通部门。而 Zhang 等（2018）基于居民固体燃料燃烧视角，通过构建黑碳排放清单对农村固体生物质与煤炭燃烧的黑碳进行估算，研究结果显示在中国人均年收入水平较高的农村家庭固体生物质消耗偏少，但是煤炭使用水平偏高导致黑碳排放量较大。（2）大气采样分析是指采用空气质量检测站点对大气中的黑碳颗粒进行采样，从而追溯其来源。例如 Barman 等（2019）将黑碳分为化石燃料和生物燃烧来源，对 2016—2017 年的黑碳浓度进行实时测量，并采用 HYSPLIT 模型模拟了印度东北部城市不同季节黑碳的传输与沉降，模拟结果显示黑碳沉降量与季节显著相关，其中季风前和季风期间的黑碳沉降量最多，同时沉降量与降雨量也有明显的相关关系。Kirago 等（2022）通过在城市站点收集样本，并采用放射性碳技术测算非洲城市黑碳排放的来源。研究结果显示，黑碳是非洲地区大部分城市的主要空气污染物，其中化石燃料燃烧排放占到全年黑碳总排放量的 85%。（3）大气化学传输模型则是使用具体模型模拟黑碳的大气传输和沉降过程，并以此分析不同区域黑碳的分布及其对气候和健康的影响。常见的大气化学传输模型包括 GEOS-Chem 模型、HYSPLIT 模型以及 WRF-Chem 模型等。例如，Karambelas 等（2022）利用 GEOS-Chem 模型从时空尺度对印度的黑碳颗粒物浓度进行系统模拟，并按人口加权汇总到国家尺度和区域尺度评估了不同经济部门的贡献程度，研究结果显示印度黑碳排放主要来源于住宅生物质燃烧、发电厂、工业煤炭燃料以及人为粉尘。已有研究对黑碳的化学组成解析往往是通过气溶胶质谱仪等专业仪器在特定地区进行实时定量监测。Wang 等（2016）通过 Aerodyne 烟灰粒子气溶胶质谱仪在南京实现实时快速定量，对于人口聚集区域的空气质量修复具有重要意义。

在黑碳排放的区域特征及其影响效应方面，已有研究往往基于地理信息系统技术（GIS），结合排放清单、气候模型等黑碳排放核算工具进一步分析黑碳排放的空间分布特征及其气候影响，为相关环境政策与措施的制定提供科学依据。例如，Kanaya 等（2021）利用 COSMOS 连续监测系统对我国黑碳排放进行长期监测，研究显示中国在过去十年中黑碳排放变化趋势的区域性较为显著。其中，中国华东中南部地区的黑碳排放减少幅度较大，而华东中北部和东部地区的黑碳排放减少程度较小，表明我国黑碳减排政策取得了一定程度的效果。

（二）贸易中隐含黑碳排放转移研究

黑碳是 $PM_{2.5}$ 的重要组成部分，黑碳排放是产生大气污染的重要原因，而全球很大一部分黑碳排放隐含在贸易活动中。贸易活动中隐含的黑碳排放转移是指一个地区与另一个地区进行商品和服务贸易的过程中发生的直接和间接的黑碳排放转移，即黑碳排放由出口地区转移到进口地区。之所以将其视为这种"转移"是因该种黑碳排放虽然表面上发生在出口地区，但本质上是由进口地区的消费需求所引起的；并且由于这种"转移"并不是实际上发生的，不涉及实际黑碳颗粒在空间中的物理移动，而是与商品和服务贸易流动相关联，因此被学者称为贸易活动中"隐含的"黑碳排放转移。

随着全球区域贸易交流的不断深入与气候变化问题的日益严峻，关于不同尺度贸易中隐含的大气污染物排放转移及其社会经济与环境影响的研究逐渐增多。首先，从全球视域出发，Copeland（1994）通过构建南北贸易模型，发现区域贸易提升了发达地区的环境质量水平，但是对欠发达地区的环境质量却呈现出负面的影响；Zhao 等（2024）基于全球价值链理论（GVC），构建了基于多区域投入产出模型（MRIO）的全球价值链核算框架，对隐含黑碳排放的转移特性进行跟踪和解析，研究结果显示，最具代表性的发展中国家——中国是隐含黑碳排放的净输出国。

中国是最大的发展中国家，其国内区域间贸易体量与对外贸易体量都十分巨大，且其具备以各类化石能源为核心的能源结构，这使得中国成为研究贸易隐含大气污染碳排放转移的重要国家之一。Zhao 等（2022）通过整合中国多区域投入产出表和全球投入产出表，探究了中国进出口贸易导致的黑碳排放转移效应与溢出效应，研究结果揭示了发达国家和发展中国家对中国出口贸易中隐含黑碳排放的贡献比例。杜娇（2024）在构建全球多区域投入产出模型的基础上，结合全球大气化学传输模型，探究了国际贸易及其产业链转移对黑碳污染及辐射强迫的影响。研究结果显示，2007—2017 年间，中国对外贸易中的隐含黑碳排放呈现出先增加后下降的趋势。从区域尺度上看，在贸易双循环政策背景下的省际间贸易交流逐渐频繁，同时随着多区域投入产出表的逐渐完善，中国省际间贸易中的隐含黑碳转移也逐渐受到重视。例如，吴乐英等（2017）利用区域间投入产出模型对中国省际间贸易隐含 $PM_{2.5}$ 进行量化，研究结果发现省际贸易中隐含 $PM_{2.5}$ 排放占到总排放的 33%，其中东部省份贸易隐含 $PM_{2.5}$ 主要由最终消费导致，而中部、西部以及东北地区贸易隐含 $PM_{2.5}$ 则主要由中间投入导致，而黑碳作为 $PM_{2.5}$ 的重要组成部分，在其中的影响也不可忽视。周思立等（2018）基于多区域投入产出模型和 WRF-Chem 模型，以湖北省为研究对象定量解析省际贸易和大气传输过程对黑碳排放的影响。研究结果显示，湖北省是隐含黑碳排放的净进口区域，其黑碳排放受到陕西、河南和山东的影响程度最大。为推动区域减排协同，应进一步健全基于消费与生产视角的跨区域责任共担机制。

此外，还可以通过结合多区域投入产出模型与社会网络分析方法（SNA）量化部门间黑碳排放转移的直接与间接联系，这有利于识别在复杂生产和消费过程中具有关键减碳效应的行业（Zhu et al.，2022）。或是结合地理探测器模型分析影响隐含黑碳排放转移的驱动因素，通过量化区域间结构角色对黑碳排放转移网络的贡献，揭示空间邻接性与区域间的强度差异、特征向量中心性与聚类系数差异等因素对黑碳转移的影响（Wang et al.，2022）。这些研究方法为研究隐含黑碳转移提供了更为全面的研究视角与分析工具，能够帮助政策制定者根据经济活动制定更为有效的碳减排策略。

（三）黑碳排放责任分担研究

已有研究基于生产侧和消费侧两种不同的角度，提出了不同大气污染排放责任划分模式。生产侧排放指区域内因生产活动产生的大气污染物排放，消费侧排放指因消费需求导致本地与贸易关联区域的大气污染物排放（唐志鹏等，2014；彭水军等，2015；马晓君等，2018）。而黑碳作为大气污染物的重要组成部分，其排放责任分担问题也逐渐受到学界的重视（齐晔，2008；Li et al.，2016；Meng et al.，2017；庞军等，2017；Chen et al.，2017；Meng et al.，2018；Mi et al.，2019）。

"生产者责任原则"也称领土原则，指某一地区需要对在本区域范围内生产活动中所排放的大气污染物负责，即其作为大气污染直接排放源需承担相应的排放责任。生产者原则历史沿革悠久，《联合国气候变化框架公约》和《巴黎协议》等早期国际公约对于不同国家大气污染排放责任的界定主要采用的就是以该原则为核心的核算方法。早期的研究从生产视角建立了自下而上的污染物排放清单，并将排放量分配给污染物实际产生的地方（Grossman et al.，1991；Subak，1995；Streets et al.，2003；Zhang et al.，2009；Lei et al.，2011；Zhang et al.，2017；Gratsea，2017）。从生产视角探究污染物排放的研究主要有三类，包括基于空间统计技术计算污染物的空间分布及演变特征、基于空气质量模型模拟污染物的跨界传输机制、基于计量经济学方法探究污染排放的成因及影响（马述中等，2010；刘红光等，2014；彭水军等，2016）。如王振波等（2015）基于城市监测站的观测数据，揭示了中国 $PM_{2.5}$ 的时空分布特征并发现京津冀城市群是全年污染核心区。王超等（2015）探究了京津冀空气污染物的来源及特性。也有学者运用空间滞后模型、空间误差模型等探究大气污染排放背后的经济原因（马丽梅，2014；Chen Y. et al.，2015；Liu et al.，2015；Hao et al.，2015；Ma et al.，2016；Mi et al.，2017）。但该视角下的研究忽视了发达地区转移减排责任的行为，即"污染避难效应"。例如，发达地区可以通过进口高排放系数的商品和服务，如与重工业相关的金属材料，减少本地污染物排放，与此同时，商品和服务的提供者将承担更多的减排责任。经济发达地区可以通过从欠发达地区进口能源密集型、污染密集型的产品与服务的方式来满足本地的需求，或者是把区域内排放密集型的生产活动外包到欠发达地区，进而将大气污染排放转嫁到接收地区。

随着经济全球化程度的不断加深，各国各地区间贸易交流逐渐频繁，国际分工程度的提高使得许多产品和服务的生产和消费在地域空间中出现了分离，也因此引发了对"消费者责任原则"的研究与讨论。"消费者责任"指消费者需对其产品消费导致的生态环境负担负相应责任。已有研究表明，区域消费需求才是驱动大气污染排放的主要因素（Peters and Hertwich，2008；Davis et al.，2010；Davis et al.，2011；Venkataraman et al.，2018；Pan et al.，2022）。相对于生产者责任原则，消费者责任原则是从区域消费需求的角度量化大气污染排放。因此，虚拟黑碳是指从生产者到消费者的整个供应链中直接和间接黑碳排放量的总和。已有研究多采用投入产出模型从消费视角对全球、国家和城市尺度的空气污染问题展开分析。研究结果显示，区域间贸易的漏损效应阻碍了整体减排目标的实施，基于消费的分析制定整体减排策略则是区域合作优化减排的关键（Peters and Hertwich，2006；Liu et al.，2013；Kanemoto et al.，2014；Karstensen et al.，2015；Deng et al.，2016；Deng et al.，2017）。

"消费者责任"核算是否就比"生产者责任"核算更加公平呢？上述问题引起一些学者的思考与质疑（Lenzen et al.，2007），学者认为单一责任划分体系正使国家或地区失去采用最新技术实现资源节约与污染减排的动力和积极性，因此单从"消费者责任"或"生产者责任"进行责任划分都是不尽合理的，消费者和生产者应该共同承担污染减排的责任，这就引申出"生产和消费共同责任"（Bastianoni et al.，2004）。Ferng（2003）引入责任分担系数代表生产与消费之间的权重来分配排放责任。但有研究指出该系数在计算生产者责任的方法上存在重复计算，并重新定义了新的责任分配模型（Lenzen et al.，2007）。Bastianoni等（2004）设计了一种简单方法，即碳排放累积再分配法，该方法让生产者、中间人和消费者均分三个区域累积的消费端碳排放，从而实现生产端和消费端共同承担排放责任。Gallego 和 Lenzen（2006）基于投入产出生产理论构建了更加复杂的模型来分配供需产业链条上的不同主体（消费者、生产者、工人、投资人等）的责任。也有学者从国家尺度（中国、澳大利亚、新西兰等）划分了生产者和消费者的排放责任（Jayadevappa et al.，2000；Andrew and Forgie，2008；Georgoulias et al.，2009 Murioz and Steininger，2010）。同时，有的学者也从收入角度来划分产业链下游不同主体间的排放责任（Marques et al.，2013）。总体来说，针对消费者和生产者共同责任的方法和视角分析呈现多元化趋势。

（四）黑碳排放治理策略研究

黑碳在大气中的存续寿命相对较短，然而其却具有显著使气候变暖的潜力。这两种特征说明针对性的黑碳减排策略可以有效地对环境质量和生态健康产生正向效益。对于黑碳排放治理措施，已有研究主要是从产业升级、废物管理、技术革新等角度为黑碳排放治理措施提供方向。Permadi 等（2018）结合了情景模拟与绩效评估分析，探究了 2030 年不同黑碳减排措施对东南亚国家空气质量的影响。研究结果发现，通过限制印度尼西亚和泰国在道路运输、建筑业、工业以及生物质露天燃烧四个主要来源的排放，两个国家的总黑碳排放量减少了 45%，与 IPCC 中规定的黑碳减排量非常接近。Anenberg 等（2012）基于 GISS 和 ECHAM 模型设定了模拟情景，分析认为通过提升减少不完全燃烧排放的技术水平和限制严重黑碳污染的生产活动能够有效减少区域黑碳排放。例如，禁止露天焚烧农业废弃物、淘汰高排放车辆等。Wang 等（2012）通过构建中国省级黑碳排放清单并进行情景模拟量化了 1949—2007 年中国黑碳排放变化的时间趋势，预测了 2008—2050 年的黑碳排放，研究结论认为农村地区的黑碳排放源主要是农作物秸秆等生物质固体燃料，需要通过开发升级低碳技术或者推广"改进型"生物燃烧炉来减少此种燃料的使用，从而降低区域黑碳排放；而在城镇化程度较高的区域黑碳排放源主要是机动车柴油，通过研发机动车柴油颗粒过滤器等新兴技术也能够显著减少区域黑碳排放。

二、大气污染协同治理研究进展

（一）大气污染排放转移研究

跨区域排放转移是我国协同减排亟待破解的核心难题（屈超等，2016；邵帅等，2019）。在城市尺度上，苏州和上海的源解析研究已揭示本地—周边共同贡献的事实（叶思晴等，2015；赵倩彪，2014）。进一步从经济网络看，多区域投入产出分析表明 2007 年约 57% 的省级碳排放由外部消费驱动（Feng 等，2013），且在 2008 年金融危机后出现西南地区由排放出口转为进口等新格局（Mi 等，2017）。因素分解结果显示最终需求与排放强度差异是省际碳转移的关键因素（Wu，2017）。此外，关佳欣（2010）从时空维度揭示了中国中东部地区大气污染浓度上升的区域性特征，进一步凸显了污染治理中需要跨区域协同的紧迫性。由此可见，厘清跨区域排放转移机理是实现区域协同减排与高质量发展的前提。

（二）大气污染协同治理的内在逻辑研究

在污染跨界特征日益突出的背景下，区域环境协同治理正逐步成为我国生态环境治理体系现代化的重要方向。已有研究普遍指出，相较于单一行政区划内的治理模式，跨区域环境协同治理更具现实紧迫性与制度可行性，尤其是在应对大气污染治理等复杂环境问题中显示出显著的协同效益（Zhao et al.，2017；刘华军等，2018；胡志高等，2019；孙静，2019；彭嘉颖，2019；谢洲亚，2022；周平尔，2024）。

从研究路径来看，现有文献主要通过两类方法探讨区域协同治理的运行逻辑：其一是以博弈模型为基础的理论构建，旨在揭示多层级政府间的行为选择与制度演化机制；其二是以实践案例为支撑的实证分析，侧重于协同治理过程的结构特征与政策效能评估。

在理论建模方面，李倩等（2022）构建了中央与地方政府之间的博弈模型，识别出协同治理政策在中央协调机制、重复博弈过程及结果可检验性三方面的关键特征，并进一步提出，区域产业结构的转型升级构成协同治理得以持续推进的制度支撑。锁利铭与李雪（2021）借助制度性集体行动框架，从地方政府协作视角出发，揭示了区域协同治理逻辑由单一边界向多重边界扩展的演化趋势，拓展了协同治理的制度边界研究。

在实证研究方面，学者们通过对典型区域的案例剖析，丰富了对协同治理结构与运行机制的经验性认知。陈子韬等（2022）基于汾渭平原的治理实践，从治理对象属性到协同结果等六个维度系统解析了治理过程的形成路径。魏娜与孟庆国（2018）构建"结构—过程—效益"分析框架，指出京津冀地区的协同治理具有明显的"任务驱动式"特征，且面临结构层级不对等与治理收益分配失衡等制度性瓶颈。肖富群与蒙常胜（2022）通过多案例比较分析，系统揭示了多元主体之间的利益冲突对协同治理成效的制约机制及其内在协调逻辑。

与此同时，部分研究从可行性与有效性评估视角出发，对典型区域协同治理的制度基础与现实困境进行系统反思。苏黎馨与冯长春（2019）构建比较研究框架，指出多元主体的有效协同是实现治理绩效的关键前提，但京津冀地区因区域间权责划分复杂，治理效率受限。何伟等（2019）则从政策框架设计、措施执行路径及目标实现成效三个层面，综合评估了京津冀区域协同治理的制度绩效与实践困境。

（三）大气污染协同治理的策略研究

已有研究基于不同理论，主要从政府治理、法律法规、市场经济的角度提出大气污染协同治理对策（Marcazzan et al.，2001；Ohara et al.，2007；白洋等，2013；李名升等，2013；陈诗一等，2018；别同等，2018；王超奕，2018；Ma et al.，2019；Cheung et al.，2020；任丙强，2023）。在政府治理层面，马国顺和赵倩（2014）从演化博弈角度分析了无政府监管和政府监管下参与人的行为差异，政府监管下参与人的治理行为明显更为有效，这论证了政府参与大气污染治理的必要性。彭湃（2018）指出完善政策与法律，引导市场、善用市场的力量，引导公众的参与和监督等都是政府在大气污染治理中应当承担的责任。而在法律法规层面，陈梦婕（2016）从法律制定和法律实施两个角度分析了大气污染治理中存在的问题。李英和于家琪（2017）借鉴英国和美国大气污染治理的相关立法经验，对我国大气污染治理法律保障机制的完善提出了建议。姜渊（2017）认为大气法应以"环境质量目标"模式替代传统的"不法惩罚"模式。在市场经济层面，已有研究认为可以从促进产业人口转移（张贵等，2014；薛俭等，2014）、实现产业结构优化（魏巍贤和马喜立，2015）以及构建排放权交易制度（代双杰，2014）等角度采取相应策略。蔡海亚和徐盈之（2018）认为产业协同聚集能够明显改善我国的雾霾污染状况，调整粗放型外贸增长方式、优化对外贸易结构、推动生产性服务业和制造业的融合渗透有利于我国雾霾治理目标的实现。Wei等（2018）研究表明税收和技术进步相结合，可以有效控制大气污染，改善能源结构，促进经济发展。

同时，现行的环境治理制度具有明显的"属地"性质，无法满足大气污染跨区域多主体共同治理的实际合作需求，因此为了实现大气污染治理目标，亟须制订一套跨区域的大气污染治理策略，以真正解决大气污染防治的问题（黄德生等，2012；王金南等，2012；谢宝剑和陈瑞莲，2014；魏巍贤和王月红，2017；张同斌，2017；苑清敏等，2017；程进，2023）。实现利益共享和补偿的跨区域大气污染生态价值补偿逐渐成为学界焦点。随着对大气污染联动防治的需求，越来越多学者认为平衡地区政府之间的利益是构建生态补偿机制的关键所在（冯东，2020）。例如，杜纯布（2017）探究了雾霾治理生态补偿机制建立的理论依据。然而，目前在大气污染跨界治理领域的研究仍以理论分析为主，缺乏对补偿机制在实践中如何设计与运作的研究。完整的生态补偿标准测算体系、市场化的补偿机制尚未建立，健全的大气污染生态补偿制度的构建仍是学者们未来研究的重点。

三、生态补偿研究进展

生态补偿（又名生态服务付费、生态效益付费）（Norgaard and Ling，2008），实际上是建立一种生态相关的利益分配和风险分担机制

（杨欣等，2017）。学界对于生态补偿并没有形成统一的定义，但已有研究都强调了要通过激励的手段达成生态环境保护的内在要求。Coase（2013）指出企业应该要对造成的污染负责，支付相关费用，该论断形成了生态补偿的理论基础。Cuperus 等（1999）将生态补偿定义为一种补助，如果在发展中造成了生态损害，则需要支付补助恢复生态的功能和质量。Tacconi 等（2012）则认为生态补偿是一种透明的系统，自愿提供环境增益服务的主体可以获得一定的补偿。目前，国内外学者对于生态补偿的研究主要集中于补偿主体、补偿标准以及补偿方式等方面。

（一）生态补偿主体研究

关于补偿主体的研究实质是解决"补偿给谁，由谁补偿"的问题。在土地私有制的国家，如美国、法国、澳大利亚、哥斯达黎加的生态补偿计划中，生态补偿的主体主要为土地所有者和社会第三方机构。而国内的生态补偿的主体主要是政府、农户，其中政府起到主导作用（杨欣和蔡银莺，2012）。王兴杰等（2010）认为虽然政府不是直接的利益相关方，但是政府的主导作用在提高生态补偿的运行效率、降低交易成本等方面均发挥了重要作用。陈德敏等（2012）指出生态补偿的主体应该包含对生态环境造成了不良影响的污染者，同时自然资源的收益者也应该是参与的补偿主体。王青云（2008）认为生态补偿并不是一个简单的机制，而是一个复杂的系统，需要政府和市场共同参与构建，完善补偿分担机制。俞文华（1997）强调要通过财政转移支付手段，平衡经济发展水平不均衡的地区，经济发展水平高的地区应该要对经济发展水平低的地区进行一定程度的生态补偿。马爱慧（2011）指出应该根据宏观和微观的差异对生态补偿主体进行界定。马文博（2012）认为应该要将生态补偿划分为两个机制，一个是区域之间的补偿机制，一个是农户个体之间的补偿机制，划分依据为两者的机会成本和所有权外溢影响。

（二）生态补偿标准研究

关于补偿标准的研究实质是解决"补偿多少"的问题。学界对于生态补偿标准没有形成统一共识，针对不同的生态补偿对象和范围会有不同的生态补偿标准。已有研究对于生态补偿标准的确定运用了不同的研究方法，包括生态服务价值法、机会成本法、意愿调查法、生态足迹法、条件价值法等。刘东林（2003）、李文华（2006）、赵翠薇（2010）指出，因为没有统一的补偿标准确定方式，不同的研究方法测算的结果差异较大，其中生态服务功能的评估价值通常被作为生态补偿标准的上限。Costanza 等（1997）基于生态服务价值法，以货币为衡量标准划分了十七类生态系统服务功能，估算出生态系统服务功能的货币价值。谢高地（2001）根据 Costanza 的研究，同样基于生态服务价值法，归纳了中国生态系统价值当量表，并且从中估算了农地的生态系统服务的货币价值。蔡运龙（2006）在前述两项研究的基础上，对当地生态系统价值当量表进行了修正，完善了微观层面的补偿标准测算方法。李晓光（2009）指出，机会成本法通常被用于确定生态补偿标准的下限，但应用的频率相对较低，因为该方法中所需的非市场性的物品和服务的经济数据难以获得。Wünscher 等（2008）在哥斯达黎加的生态服务补偿标准确定中用牧草地净收益作为农户的机会成本。在国内运用机会成本法确定生态补偿标准的研究较多，熊鹰（2004）、章锦河（2005）指出机会成本的测算通常会以农户因生态保护而损失的年平均农业收益作为依据，其中，俞海等（2007）、蔡邦成等（2008）、李文华等（2006）分别在流域、水源地保护区工程、森林补偿标准的研究中都考虑了机会成本。意愿调查法用于确定生态补偿标准则较为常见（Ciriacy-Wantrup，1947；Porter，1998；Johst et al.，2002；Ambastha et al.，2007；Babiker，2005；Jutze et al.，2012）。以往的研究采用意愿调查法对生态补偿利益相关方的预期成本和预期收入等分别展开调查并最终加以整合来确定补偿标准（李晓光，2009）。另外，基于条件价值评估法，王雅敬等（2016）评估了地方重点生态公益林的补偿标准。Landellmills 等（2002）、毛德华等（2014）、胡小飞等（2017）分别运用市场法、能值分析法以及碳足迹测算法确定了生态补偿的标准。范凤岩等（2019）运用效益转化法和疾病成本法将 2016 年京津冀地区 PM10 对居民健康的不利影响货币化。

（三）生态补偿方式研究

关于补偿方式的研究实质是解决"如何进行补偿"的问题。根据生态补偿途径的差异，可以将生态补偿分为资金、实物、智力和政策补偿四种不同的类型。杨欣等（2012）将生态补偿的主体划分为政府和市场，政府的生态补偿手段包括财政转移支付、专项基金等，市场手段包括生态补偿费、环境税、排污费等。陈源泉（2009）认为国家需要建立起横向延伸和纵向立体的补偿机制，设立生态补偿基金等多重政策扶持路径，并加大现金、科技投入。路景兰（2013）认为资金补偿应该为主要的补偿方式，其他方式为次要的补偿方式。而方丹（2014）认为根据长短期的差异，补偿方式要适时调整。针对短期，应该以资金和实物补偿为主；针对长期，应该以政策、智力补偿为主。陈瑞莲和胡熠（2005）、樊鹏飞等（2018）都认为要构建跨区域的生态补偿管理平台，完善横向财政转移支付体系，吸收和管理补偿资金，根据不同的情况选择相应的补偿方式。因此，虽然没有形成公认的生态补偿机制，但是学者们基本达成共识，认为补偿方式应该要多元化并根据区域、时期等因素对主体进行不同方式的生态补偿，从而构建完善的生态补偿机制。

第二节 研究现状评述

目前，国内外对黑碳的研究内容主要集中在形成来源识别、排放量估算、传输机制分析以及环境效应评价等方面。随着全球区域贸易交流的愈加频繁与气候变化问题的日益严峻，一个国家或地区可以通过进口污染密集型的商品或者服务减少本地区黑碳的直接排放，但同时也增加了出口地区的环境负担。因此，贸易活动中隐含的黑碳排放转移也逐渐受到重视。由于黑碳跨界传播的特性，已有关于虚拟黑碳排放转移的研究主要聚焦于通过区域贸易流动追踪虚拟黑碳排放路径，并在此基础上探究虚拟黑碳排放的责任分担。鉴于黑碳治理的特殊性，跨区域污染协同治理策略一经提出便备受学界瞩目。已有研究主要从大气污染协同治理的内在运行机制以及治理策略这两个层面展开深入探讨。研究结果指出，我国在提升区域环境质量、优化管理措施以及完善政策框架等方面依然存在着发展潜力与面临诸多挑战。针对这些治理难题，学者们从政策手段、法律手段和经济手段等方面进一步完善优化区域协同治理策略。在生态价值补偿机制方面，已有研究主要集中在补偿主体的界定、补偿标准的建立以及补偿方式的探索三个方面，但生态价值补偿机制作为大气污染协同治理措施的重要组成部分，不仅涉及如何补偿和谁来补偿的问题，更是涵盖了风险共担与利益共享的复杂系统。

综合国内外的研究文献，黑碳治理和生态补偿研究已经成为资源管理领域的研究热点。已有黑碳治理的研究工作目前涉及不同的空间尺度、时间维度，取得了丰硕的成果，但也存在一定的局限性，有待于进一步深化。对此，本研究系统梳理了已有文献在模型、数据、政策建议方面的成果，并在此基础上，进一步系统性探究京津冀地区虚拟黑碳传输及生态补偿机制。以往研究的对象往往聚焦于单一的城市或者特定区域而忽略了城市间联系的影响。大多数研究并未探讨城市群内部通过区域间贸易进行黑碳排放转移的运行机制以及这种转移对城市群生态环境的影响。随着京津冀一体化进程不断推进，构建跨尺度的黑碳排放治理结构对于京津冀大气污染协同治理具有越发重要的意义。京津冀跨区治理仍存在许多亟待解决的困境，譬如京津冀三地政府行政地位的差异造成了三地合作困难，各地政府理性经济人的角色都使得政府往往优先考虑本地利益而忽视了地区整体利益，因此如何构建多区域跨尺度的大气污染治理结构则需要进一步深入探讨和研究。在生态补偿的相关研究中，由于国外的生态补偿主要是以生态系统服务付费的概念出现，研究范围相对较窄。而我国将生态补偿作为生态文明建设的一项重点内容，并不断发展和深化，因此相关研究更加翔实细致。但目前国内外关于生态补偿的相关研究，主要集中在水域、森林等领域，对大气领域的研究较少，缺乏针对我国实际情况中存在的大气污染治理生态补偿的系统研究，而这是我国大气污染治理中亟待解决的关键问题。且以往关于生态补偿机制的研究多为中央对地方的纵向补偿，缺乏对区际间横向补偿机制的深入探讨。

为了填补这一研究空白，本研究核算了京津冀地区隐含在最终消费中的黑碳排放；使用多区域投入产出（MRIO）模型对京津冀区域内和跨区域的黑碳排放转移进行了量化；从生产—消费和区域协调视角，解析京津冀区域间温室气体与大气污染物空间分布、产业结构、资源人口禀赋差异，识别隐含在区域间贸易流动中的污染转移路径和驱动因素；进而提出京津冀温室气体协同减排的区域间共同且差异化治理措施，为实现区际间横向生态补偿机制提供了新视角。

第三节 本章小结

已有研究在黑碳以及生态补偿的理论、方法与应用层面取得了突出成果，为本研究提供了坚实的理论基础和实践参考。因此，本章从黑碳、大气污染协同治理以及生态补偿三个视角全面回顾了相关领域中已有研究的发展历程与研究重点，并指出了在研究视角与内容方面存在的空白。

第三章

理论基础

第一节　基本概念界定

一、黑碳

黑碳是指含碳物质（主要包括石油、煤、木炭、树木、柴草、塑料垃圾、动物粪便等）不完全燃烧发生热解的产物。黑碳粒度仅 0.01-0.05 微米，在扫描电子显微镜下观察，黑碳呈现为亚微米级的颗粒物聚合体（团状或者链状）。因此，黑碳是 $PM_{2.5}$ 中数量最多、危害最大的污染物。早期研究中，部分学者用黑烟作为黑碳的替代进行研究。然而，受地点、季节、年份等多种因素的影响，黑烟逐渐失去了在黑碳浓度研究中有效近似的可靠性。为进一步区分二者，一些学者尝试对其概念进行澄清与规定，认为应仅将黑碳作为定性和描述性名词，并使用等效黑碳（equivalent black carbon）代指黑烟（Ramanathan and Carmichael，2008）。

黑碳排放可以理解为含碳物质不完全燃烧产生的黑碳颗粒物释放到大气中的过程。黑碳排放对气候变化、空气质量和人类健康有重要影响。有学者发现空气中若存在质量浓度水平较高的黑碳气溶胶会明显增加患呼吸系统疾病的风险（姚青等，2020）。此外，黑碳排放还通过吸收太阳光、加热大气等改变地球原有的辐射收支平衡，进而对区域甚至全球气候系统产生显著影响。其影响机制主要包括：（1）黑碳对太阳短波辐射的吸收和散射，导致到达地表以及大气层顶的太阳辐射发生变化；（2）黑碳通过间接效应和半直接效应影响云的生成、分布、寿命和微物理特性，从而影响太阳和地表的辐射平衡；（3）沉降在冰雪表面的黑碳，由于自身吸光特性加强了冰雪表面的热量吸收。

针对黑碳排放的治理，国际组织采取了严格排放标准、推广新型燃料技术等多项措施。例如，已经被证明可以显著减少黑碳排放的颗粒物捕集器和新型燃烧技术等。中国作为黑碳排放大国，在快速工业化和城市化的过程中，化工生产、交通运输以及农业（主要是农业废弃物燃烧）等产业部门是主要的黑碳排放源（曾静等，2010；黄文彦等，2015；邓中慈等，2021；周雨，2023；李舒惠，2023）。据国家气候变化专家委员会和中国气象科学研究院的研究数据显示，中国每年黑碳总排放量约为1600—1700千吨，且呈现出显著区域异质性。中科院大气物理研究所发布的《中国区域黑碳排放和时空分布及其气候效应》研究报告显示，中国地区黑碳排放浓度呈现自西向东递增的空间分布特征。东部尤其是以京津冀、长三角及珠三角为主的经济发达地区，由于人口密集、交通拥堵，汽车尾气排放是区域黑碳的主要来源。对此，中央与地方政府在多个方面积极采取措施以减少黑碳排放，包括推广使用电动车与天然气车辆，提高工业和家庭用能效率，实施更严格的排放标准等。例如，北京市自2013年起就开始实施车辆排放新标准，严格限制高排放的老旧汽车上路，以减少黑碳和其他污染物的排放。

二、虚拟黑碳排放

虚拟黑碳排放这一概念源自环境经济学中"碳足迹"理论，用以描述在区域贸易活动中通过商品和服务的进出口间接转移的黑碳排放

（Wang et al.，2014；Gilardoni et al.，2022；Du et al.，2023）。即当一个国家或地区生产出口产品时，在生产过程中产生的黑碳排放被"嵌入"到产品中，随着国际贸易转移到了进口国。所以，一个国家的消费行为可能会在另一个国家引起黑碳排放（Meng et al.，2018；Du et al.，2021）。尽管这些黑碳排放在地理空间上发生在生产地区，但从消费者责任的角度来看，它们是由进口国的消费需求驱动的。因此，虚拟黑碳排放实质上在全球贸易网络中形成了区域黑碳排放责任的转移（Fang et al.，2021）。

对虚拟黑碳排放的研究主要以生命周期评估与投入产出分析方法为主。生命周期评估是一种评估产品全生命周期内环境影响的方法，通过量化和跟踪产品从原料到最终消费过程中的黑碳排放，识别直接和间接黑碳排放源，进而对虚拟黑碳排放进行量化。而投入产出法则是利用环境拓展的投入产出表刻画不同部门间经济流动产生的环境影响。例如Deng 等（2021）利用投入产出分析和结构分解分析探讨了2002—2017年中国不同经济部门的黑碳排放趋势。研究结果表明，运输仓储、邮政运输服务产业对黑碳排放的贡献程度最大。

对于虚拟黑碳排放的治理策略研究，学者们主要从区域合作与政策协调、市场机制与经济激励、生态补偿以及责任追溯等角度提出治理策略建议（陈红敏，2009）。具体来说，由于虚拟黑碳排放具有跨区域的特性，因此有效的治理策略需要区域层面上的协调与合作，如通过国际协议和区域合作机制共同制定减排目标和标准等（Meng, et al.，2017；王喜莲等，2021）。从微观主体出发，可以利用碳交易、碳税等市场机制以激励企业和个人减少黑碳排放，通过优化市场行为使其向环境友好型的生产和消费模式转变（Li et al.，2015）。从制度层面则可以引入生态补偿机制和责任追溯系统，建立清晰的生态责任与补偿框架，促进资源的合理利用与保护（Li, et al.，2023）。

三、协同治理

协同治理综合了协同理论和多中心治理理论，是指在组织的活动范围内，政府、企业、非政府组织和社会公众等多元主体为达到保护社会公共利益的目的，在现有政策法规的约束下，以政府为主导，采取广泛参与、平等协商和通力合作的具体形式，对社会公共事务进行管理的所有活动以及所采用方式的总和。相比于传统治理方式，协同治理理论不再强调政府在治理过程中的单一主体地位，而是致力于构造新型的政府—政府、政府—社会组织、政府—社会大众等多元化形式为主体的合作治理模式。其最终目的是通过发挥多元主体在治理社会公共事务中的协同作用，高效地解决政府作为单一主体难以应对的问题，进而提高社会公共事务治理的效率。因此，协同治理可以总结为在开放的系统中，为实现共同目标，由多主体参与通过协同合作达到公共利益最大化的动态过程，其核心特征是系统环境的开放性、治理主体的多样性、参与过程的协同化及治理目标的效率化。

由于环境污染具有显著的外部性，导致部分区域承担了由非本地消费需求产生的减污责任与成本（程麟钧等，2017）。随着区域一体化的推进，区域环境协同治理逐渐成为治理区域环境问题的有效路径。从协同治理理论出发，环境协同治理可以理解为同一区域内的不同政府、企业、非政府组织和社会公众等主体，在考虑经济发展、资源禀赋差异的基础上，通过构建跨省市、分层次、多元化的治理主体网络结构，从而实现分工合作、统一行动、协调互补以达到区域环境改善，推动区域公共利益最大化的过程。环境协同治理具有以下三个主要特征：一是以区域公共环境改善为目标；二是以多元化的主体结构为基础；三是以主体协调合作为主导。

区域环境协同治理是一项复杂化的系统工程，涉及参与治理主体间的各种利益，在协同治理过程中会面临许多问题。例如，协同治理区域之间生态环境差异显著，治理成本与治理收益不对等，这些都可能导致政策执行力度和方法在不同区域间存在显著差异。此外，经济发展水平的差异也可能影响各城市的减排意愿与能力，可以通过设立专项基金、调整财政转移支付或者通过构建碳交易市场来弥补区域的不平衡性，以确保协同减排策略公平有效的执行。本研究所聚焦的京津冀城市群协同减排是指京津冀三地通过区域间政策协调、技术共享与资源整合，共同推进大气污染控制和生态环境保护的一种战略合作模式。其主要目的在于通过区域合作强化大气污染治理的效果，优化资源配置，提升区域环境治理的整体效率和效果，通过共同努力实现大气污染的有效控制和环境治理水平的整体提升。

四、生态补偿

生态系统不仅直接为人类供给产品，还提供了生态调节、生态文化以及生命支持等多种服务功能。因此，在进行与生态系统管理有关的决策时，不仅仅需要考虑生态系统向外输出的人类福祉，同时也要考虑生态系统的内在价值。随着生态环境破坏程度的不断加剧，生态补偿的概念应运而生并逐渐受到社会各界重视。目前，学界对于生态补偿的概念并无定论。最初学界认为生态补偿是对自然生态价值的一种补偿，Cuperus 等（1999）将其定义为："在发展中对生态功能和质量所造成损害的一种补助，补偿的目的是为了恢复受损地区的环境质量或者用于创建新的具有相似生态功能和环境质量的区域。"随着研究不断深入，经济生态补偿的概念逐渐代替自然生态补偿成为主流概念。Wunder 等（2005）提出 PES（payments for ecosystem）系统的概念，指出生态补偿在本质上是一种市场交易，交易的双方为生态环境产品和服务的提供者与购买者。而 Jack 等（2008）认为 PES 是基于市场机制的环境政策，政府在系统中也应提供相应的补偿措施。Sommerville（2009）等进一步对其进行了明确定义，认为 PES 是在多元制度背景下政府对生态环境产品和服务提供者的一种正向的激励。尽管定义各异，但学术界普遍认为 PES 具有显著的激励效应，其补偿方式包括政府公共补偿和市场交易补偿两类（Kolinjivadi et al.，2002）。

我国对于生态补偿概念的界定始于 1990 年左右。但不同于 PES 系统概念，我国学界对于生态补偿的概念更多偏向于生态赔偿的范畴，即一种通过征费方式减少生态损害的外部成本内部化的手段（庄国泰等，1996；章铮，1996；任勇等，2008；宋马林和金培振，2016）。毛显强等（2002）将生态补偿的概念划分为广义的生态补偿和狭义的生态补偿，其认为广义的生态补偿包括污染环境补偿和生态功能补偿，即包括对损害资源环境的行为进行收费和对保护资源环境的行为进行补偿两方面。而狭义的生态补偿仅指对生态功能的补偿，即通过制度手段给予生态投资者合理回报，激励人们从事生态保护活动从而为社会提供生态效益。因此，毛显强等（2002）将生态补偿定义为："通过对损害（或保护）资源环境的行为进行收费（或补偿），提高该行为的成本（或收益），从而激励损害（或保护）行为的主体减弱（或增强）因其行为带来的外部不经济性（或外部经济性），达到保护资源目的的一种行为"。随后，俞海等（2007）对生态补偿的目的及概念进行了补充，认为生态补偿机制是"为改善、维护和恢复生态系统服务功能，调整相关利益者因保护或破坏生态环境活动产生的环境利益及其经济利益分配关系，以内化相关活动产生的外部成本为原则的一种具有经济激励特征的制度"。李文华（2006）认为，生态补偿是以保护可持续的生态系统服务为目的，以经济手段为主，调节利益相关者关系的制度安排。其认为，广义的生态补偿应该包括环境污染和生态服务功能两个方面的内容，也就是说不仅包括由生态系统服务受益者向生态系统服务供给者提供因保护生态环境所造成损失的补偿，还包括由生态环境污染转移者向生态环境破坏接收者的赔偿。

本研究将生态补偿机制定义为生态保护受益方以资金、项目、技术和政策等方式，给予生态保护提供方补偿的机制。生态补偿的主体众多，主要承担者为政府、生产者等。生态补偿所需资金主要来源于中央财政资金、地方财政资金以及个人捐款等。生态补偿的方式主要包括：对生态系统本身保护（恢复）或破坏的成本进行补偿；通过经济手段将经济效益的外部性内部化；对个人或区域保护生态系统和环境的投入或放弃发展机会的损失的经济补偿；对具有重大生态价值的区域或对象进行保护性投入。我国虽然已建立涵盖排污禁止处罚条例的环境保护制度，但合理且有效的生态补偿制度亟待建立。

第二节　投入产出理论基础

一、投入产出法

投入产出法由美国经济学家里昂惕夫（W. Leontief）在 20 世纪 30 年代提出。该研究方法的关键是通过编制一系列的投入产出矩阵，展示各行业之间的商品和服务的流动情况以及经济体的生产结构。投入产出表主要包括两部分：产业部门之间的交易，即一个部门生产的产品或服务作为另一个部门的投入；产业部门与最终需求之间的经济流动。该方法能够揭示生产某一最终产品所需的直接和间接投入（如原材料、能源、劳动等），并分析经济活动中各部门之间的相互依存关系。投入产出法为探究在一个经济体内最终需求变化对环境的直接和间接影响奠定了基础。20 世纪 50 年代至 60 年代，投入产出法逐渐扩大其影响力并被广泛应用于国家经济规划与政策制定中。到了 21 世纪，随着经济全球化程度不断加深以及生态环境问题的日渐凸显，学者们开始将投入产出法应用到能源和环境领域，提出了环境拓展的投入产出模型，引入分行业环境指标从而将生产部门的经济关系转换为环境关系，建立了最终需求与环境影响之间的量化关系。

二、多区域投入产出法

多区域投入产出法是在传统投入产出理论的基础上拓展而来的，旨在研究不同地区间经济活动的相互作用及其对环境效益的影响。多区域投入产出法构建了一个包含多区域的综合投入产出表，包括每个地区内部的产业之间的交易以及区域间的交易，能够追踪一个地区生产的产品如何被其他地区用作中间投入或最终消费，从而分析不同地区经济活动的相互依赖与相互作用（张晓平等，2009；倪红福等，2012；姚亮等，2013；闫云凤等，2014；王文治和陆建明，2016）。

多区域投入产出理论体系的建立与完善，对于解析经济全球化与区域经济一体化中出现的复杂经济的互动关联具有显著推动作用（庞军等，2015；罗胜，2016；韩玉晶，2023；钱敏，2023）。多区域投入产出理论的起源可以追溯至 20 世纪中期，随着经济全球化的加速，跨地区、跨国界的经济交往变得日益频繁，学者们逐渐意识到单一国家或区域内的经济分析无法全面反映经济活动的外部联系。70 年代起，随着环境问题日益受到重视，多区域投入产出理论逐渐被应用于环境影响评估领域，尤其是在温室气体排放、水土资源消耗以及环境足迹等领域（石敏俊等，2012；闫云凤等，2013；戴育琴等，2016；韩爽等，2022；丁浩等，2023）。学者们基于多区域投入产出模型，追踪不同产品从原材料到最终消费全过程中的能源消耗与污染排放，这对于指导区域经济政策和环境政策的制定具有重要意义（蒋雪梅等，2019；兰天等，2022）。

第三节 协同治理理论基础

一、协同治理理论

协同是各单位之间合理、有序运作的一种方式。联合国全球治理委员会对协同治理的定义为：公共或私有的个人和部门经营管理同一社会事务的诸多方式的总称。协同治理以处理公共事务为目标，通过政府、市场、社会各方治理主体的协作，实现资源上的共享、规则上的互通，既符合各个治理主体的长远利益，又能够实现整体社会福利、公共利益的协同性增效。协同治理的主体是多元化的，且能在治理过程中形成一种良性的协同互动关系。因此，协同治理具有治理主体多元化、权威分散化、主体关系对等化和治理愿景共同化的特征。也就是说，多元的治理主体没有权威的单一主体，各主体在合作过程中基于平等的理念，既根据自身的特点和利益提出相应意见，各自行使权力，又从整体利益出发，建立共同的愿景与目标。各区域地位一致，利益相关，其本质是共同参与而不是利益的让渡（魏娜和赵成根，2016）。

由于大气污染具有跨区域性，且市场机制自身存在自发性缺陷，多数国家和地区的实践已经证明，仅依靠各级政府间的合作，治理效果往往欠佳，而建立一种由政府主导的社会多主体多元治理模式则是最佳选择。协同治理理论不仅强调政府间的协调，更强调社会主体的多元化和合作的平等化，只有建立政府与各类企业、社会组织、公民参与的社会多主体参与模式，使得各个社会治理主体的效能得到最大程度的发挥，才可以进一步实现社会协同治理水平的提高。在大气污染防控的攻坚阶段、纵深发展时期，更需要科学的治理理念与措施从而构建更恰当的体制机制推动环境质量的提高。协同治理理念，涉及跨地区以及跨部门等多领域，是大气污染防控精准施策的有效指南。建立起跨区域、跨部门的协同治理长效机制，是破解大气污染联防联控难题的可行方案。

二、府际关系理论

"府际关系"一词是由美国联邦制下的州际关系演变来的。府际关系理论认为政府之间的关系包括横向型和纵向型。府际关系是国家-区域-地方政府-各类组织之间的互动，旨在保障政策目标的实现与社会治理目标的完成，是各级政府在实际运作过程中产生的一系列相互关系的总和。府际关系具有如下特点：（1）府际关系强调政府间彼此的互动合作。在传统的府际关系理解中，府际关系指的是传统平级政府之间为了获取资源、维护自身利益的竞争关系，强调各地区自身利益。随着府际关系研究的深入，学界认为府际关系是不同政府之间，通过采用合作的方式，共同协商并处理各类社会事务，以期实现社会效益最大化的相互关联与互动。（2）府际关系提倡引入私人部门等社会多元力量参与社会事务的治理。传统的府际关系强调政府间关系的处理，但随着治理理念的深入发展与公民治理意识的不断觉醒，如何处理政府与公民之间的关系成为当下府际关系的一个新方向。政府与公民同属社会治理主体，各区域内公民参与到政府间的合作对于良性府际关系的形成至关重要。（3）府际关系中，官员的态度和能力对区域治理起着至关重要的作用。这是因府际合作不仅仅是政令在各政府之间的简单传达，更涉及何平衡本地区与其他地区的利益乃至整个区域的整体利益，以最有效的手段整合各类社会资源，这对官员的自身素质提出了更高的要求。因此人的因素在府际关系中至关重要。府际关系理论指引着区域大气协同治理，即特定区域内各地方政府积极探寻并构建一种高效协同的治理模式，旨在形成良性的竞争与合作机制，运用创新且有效的策略显著降低大气污染对环境的影响，同时促进经济效益的稳步增长；既实现各地方政府自身利益最大化，更推动区域整体利益的提升（郑粼，2020）。

第四节　生态补偿理论基础

京津冀城市群是我国北方经济社会发展的重要推动力量，但区域之间也存在生态环境和经济利益等方面的冲突，并逐渐成为区域协调发展的重大制约因素（金波，2010）。京津冀以行政区域为利益主体的非均衡发展，导致各行政利益主体的矛盾有所加深。而基于行政区域实施生态补偿，将有助于缓解各利益方的冲突，促进京津冀区域间的经济建设与生态环境协调发展。

一、区域分工理论

区域分工是社会分工的空间形式，从亚当·斯密的绝对成本学说发展到大卫李嘉图的相对成本学说，再到新古典贸易理论的要素禀赋学说，区域分工理论经历了不断修正和细化的过程。但无一例外的是，所有的理论都表明合理的区域分工可以有效提高资源的空间配置效率（洪尚群等，2001；陆铭等，2004）。

区域分工受限于行政区划的界限，面临着不同行政区多元的政治、经济、社会和生态环境目标。其不仅涉及自然资源、劳动、产业条件等比较优势的均衡，还包括更为广泛的政治、经济、社会和生态职能之间的相互协调分工。尽管京津冀一体化发展被多次提及，但由于地方政府在社会经济发展中有自我发展的需求，地方政府之间以及地方政府与中央政府之间均存在一定的利益冲突，导致京津冀城市群一体化的发展出现了市场的分割。不同于传统的区位均衡模式，京津冀协同发展面临着经济发展与生态保护协调的区域分工新格局。北京作为国家的政治、经济、文化、科技中心，相比于天津和河北等，具有技术、资金和人才等比较优势，尤其是高技术、创新型的产业，使得北京市在区域收益分配中占据了较高的话语权，因此在区域分工收益中也获得了更高的份额。而河北、天津则更多承担了承接北京传统制造业和资源消耗性产业转移的责任，津冀两地在工业产业上存在较高重复性，区域间协调分工效率较低，甚至可能选择不参与区域分工。此外，由于生态服务功能无法在区际现实市场中进行交易，河北作为京津两地的"生态屏障"还需承担生态保护功能区限制性开发带来的机会成本损失，这种特殊的区际分工造成了河北重点生态功能区的可持续发展困境，使得欠发达地区陷入区域分工的"比较收益陷阱"，发达地区未能及时对欠发达地区进行经济效益补偿，缺少技术和资金转移支持，使得京津冀城市群区域一体化发展难以落实。因此，构建合理的区域分工体系，并通过财政转移、市场交易和社会力量等手段对承担生态功能的区域进行经济补偿，是京津冀通过区域生态补偿最终达到协调发展的基础。

二、区域外部性理论

马歇尔和庇古最早提出了"外部经济"和"外部不经济"的概念，形成了外部性理论。庇古认为外部性问题引起的市场失灵需要政府通过补贴或征税等政策进行治理，从而实现外部效应的内部化。而新制度经济学家科斯则认为外部性是由于产权界定不清，"科斯定理"表明在交易费用为零时，无论初始产权如何界定，都可以通过市场交易和自愿协商达到资源的最优配置。然而，现实情况中交易成本通常不为零，因此初始产权的分配就显得极为重要，需要从产权制度的成本收益均衡比较来解决外部效应的内部化问题。由于现实中协商产权成本和交易成本过高，使得"公共产权资源"（如自然资源、生态服务功能和环境等）的作用边界难以清晰界定。即使区域产权界定了区域之间的利益边界，不同区域之间的产权依然会出现相互干扰。将外部性问题加入"空间"层面的影响时，区域外部作用就显得尤为重要。"区域"是有产权的，区域所在的行政主体即为其产权的利益主体代表（杨文杰，2019）。

　　区域的发展必然会引起区域地理环境的改变，并且这种改变会传导至其他区域。这种改变不受市场利益约束的情况下，即不是一种贸易交换关系时，就会形成"区域外部性"。区域发展既有可能带来正的外部性，如提供就业机会、生态产品及服务等，也可能产生负的外部性，如资源掠夺、环境污染等。区域生态补偿则是对区域正负外部效应矫正的重要手段，通过经济、政策手段对外部经济资源的供给者提供生态补偿，对产生外部不经济的区域以税收、罚款和市场交易等手段提高其边际成本，以此实现区域间利益与成本的对等，保证不同区域间的协调发展。判断区域外部性的作用方向、影响范围和空间差异则是实施区域生态补偿基本前提（王昱，2009）。

三、区域资源环境价值论

　　京津冀区域协调发展要求实现经济发展与生态保护的双重目标，这一基本前提认为生态资源和经济产品同样具有价值，并且这种生态资源具有区域性服务功能，可通过区域市场贸易等形式实现价值转换。当自然资源界定了所有权属时就会成为交换对象，其价值也会以所有权的形式表现出来。边际效用论认为资源环境价值是由其效用、稀缺性和市场交易共同决定的。自然资源的价值随其有限性、稀缺性和现实需求的改变而不同。在劳动价值论的框架内，环境从无价到有价是历史发展的过程，当前资源环境的形成、保护和更新等都不断凝结着人类的一般劳动，因此资源环境是有价值的。无论是边际效用价值论还是劳动价值论都肯定了生态资源的重要价值。

　　生态系统服务功能是指生态系统与生态过程所形成及所维持的人类赖以生存的自然环境条件与效用（Daily，1997；Costanza，1997）。当生态系统的各项服务功能被价值化后，便构成了生态系统服务功能的价值体系。从人的经济获益程度可将生态系统服务价值分为使用价值和非使用价值。使用价值又进一步分为潜在价值、直接和间接使用价值，其中间接使用价值对人类正常的生产和消费提供了必要保障。当某一区域提供的生态服务功能价值化后，其他区域才有可能识别其提供的生态服务；或是当一个区域要为接受生态服务而提供生态补偿，才能实现交换和贸易。对生态系统服务价值的评估当前不再仅停留在理论层面，更需要精确的测量以提供数据支持。

四、可持续发展理论与区域协调

可持续发展理论的核心理念包括两方面，一方面指出发展需要平衡人与自然的关系，将人的发展与资源消耗、环境退化和生态胁迫等关联起来，这构成了人与自然的协同进化；另一方面指出发展需要实现人与人之间的协调，包含本区域与其他区域之间的协调，以及代际间的协调（牛文元，2012）。可持续发展遵循公平性、持续性、共同性原则。区域可持续发展是在一定时间跨度和特定区域范围内，不损害本区域或其他区域当前及未来满足公众需求的能力的发展过程。区域关系协调是可持续发展中的关键问题，受自然资源、地域特征、生产要素、文化等诸多因素的影响，各区域之间长期面临发展的不平衡。基于这些差异，在区域关系协调中应将经济、社会和环境等综合因素纳入区域政策的考量之中，在遵循可持续发展原则和目标的同时，注重区域空间系统的协调、产业结构的协调、经济发展与资源承载力以及社会发展的协调，最终实现区域整体的可持续发展（吕鸣伦和刘卫国，1998）。

第五节　本章小结

本章首先从黑碳的基本概念出发，介绍了黑碳的来源、特性、危害及治理策略，进而引出黑碳排放这一区域性治理难题。围绕贸易带来的虚拟黑碳排放的区域责任转移，从方法论层面着重概述了生命周期评估与投入产出分析两种方法的基本概念。从治理角度出发，本章介绍了协同治理与生态补偿的概念。其次，本章深入阐释了单区域与多区域投入产出理论，并从协同治理和府际关系的视角，分析了京津冀地区协同治理的理论基础。在此基础上，结合京津冀三地之间的区域分工、区域外部性理论、区域资源环境价值论以及可持续发展与区域协调的关系，阐述了基于行政区划实施生态补偿的理论基础。

第四章

京津冀大气污染与生态补偿现状概述

第一节　京津冀地区概况

一、地理位置与行政区划

京津冀位于我国的华北平原北部地区，经纬度介于东经 113°04′—119°53′，北纬 36°01′—42°37′之间，包括北京市、天津市以及河北省的 11 个地级市和 2 个省直管市，并以北京为中心形成了我国的"首都经济圈"。其总面积约为 $21.56×10^4km^2$，北京市、天津市、河北省的面积分别占 7.5%、5.5%、87.0%。该地区北临燕山，东临渤海，西靠太行山，地理位置和气候条件较为优越。

二、自然环境概况

（一）地形地貌概况

京津冀地区的地形地貌类型丰富，主要由太行山和燕山山地、渤海滨海平原、坝上高原以及华北平原北部四大地貌单元组成。南北走向的太行山脉和东西走向的燕山山脉分别位于该区域的西侧和北侧，因此西部和北部地势较高，东部和南部地势则较为平坦，总体呈现出"西北高、东南低；并自西北向东南逐级下降"的地势特点。丰富的地形条件赋予京津冀地区多样的地貌类型，包括高原、山地、丘陵、平原、台地等。区域内平原面积占52%，为面积最大地貌单元；山地面积约占36.2%，以中起伏山地和小起伏山地为主，台地面积约占区域总面积的7.3%（赵敏等，2016）。

（二）气候概况

京津冀地区属于典型的大陆性季风气候，冬季寒冷干燥、夏季高温多雨、春季干旱少雨，一年中的四季变化较为明显。从时间维度分析，年降水量约为400至800mm，大部分地区降水主要集中在7、8月份，该段时间的降水量占全年总降水量的65%至75%；从空间维度分析，地形地貌对区域降水的空间分布影响显著，降水较少的区域主要分布在坝上高原，而燕山、太行山一带的迎风坡附近降水量较大，总体呈现出"西北少、中部多、东南部适中"的规律（韩佳昊，2021）。京津冀地区气温受海拔高度和纬度的影响较大，坝上高原地区年平均气温在1.8至7.0℃间波动；而中南部地区的平均气温受地形的影响较大，气温在11.2至13.9℃之间；整体表现出"西北低、东南高、平原高于山区"的特点（王书冰等，2014）。该地区无霜期呈现出从西北向东南递增的变化规律，坝上高原初霜日期大部分分布在9月11日到9月30日之间，无霜期为151~175天左右；东南部平原地区的初霜日期分布在8月23日到9月10日之间，无霜期为201~250天左右（焦文慧等，2021）。

（三）植被概况

京津冀地区植被的空间分布呈现典型的地带性分异，植被类型丰富，包括针叶林、阔叶林、草地、灌丛、人工栽培植被等。受地形和气候等因素的影响，冀北区域植被类型多样，植被种类从西北至东南随地势变化呈现出分层规律。坝上高原位于内蒙古高原的南部边缘，是由草原逐步过渡形成的典型草甸草原，植被类型以多年生的草本植物为主。燕山-太行山山区呈条带状，分布于冀北和冀西，以落叶阔叶林为主，同时分布有少量灌丛和草丛。其中，冀北山地植被包括栎林、白桦林等，冀西北山间盆地植被包括灌木草原等（王彦芳，2018）。东南部华北平原是我国主要的农业耕种区，由黄河和海河的冲积平原构成。由于受到人为因素的影响，自然植被种类较少，主要以栽培植被和农作物为主，农作物大多为一年两熟，盛产粮食以及棉花、果品等经济作物。

三、社会经济概况

（一）经济概况

国家统计局发布的《重大战略扎实推进，区域发展成效显著——新中国成立 70 周年经济社会发展成就系列报告之十八》（以下简称《报告》）中指出，自京津冀一体化发展战略实施以来，三地在经济一体化、交通一体化、产业结构升级等方面取得显著成果。京津冀各省（市）国民经济和社会发展统计公报显示，2000—2018 年京津冀地区人均生产总值逐年增长，天津市与河北省在京津冀协同发展中起到的作用也明显增加（图 4-1）。2019 年，京津冀地区生产总值（GDP）合计 84580 亿元，同比增长 6.1%。而按可比价格计算，北京市地区生产总值同比增长 6.1%，天津市增长 4.8%，河北省则增长 6.8%。从产业结构来看，京津冀地区的产业结构优化效果突出，区域功能定位日益明晰与强化。北京以发展第三产业及高端产业为主，加强"四个中心"功能建设；天津主要发展高技术服务业，全面落实"一基地三区"的定位；河北则主要凭借承接北京市疏解的部分产业发展先进制造业，第二产业优势较为明显。根据国家统计局数据，2019 年京津冀地区三次产业结构分别为 4.5%（第一产业）、28.7%（第二产业）、66.8%（第三产业），其中第三产业占据主导地位，其中一、二、三产业的增加值分别为 3817.4、24281.5 和 56481.2 亿元,第三产业的发展也占据主导优势。

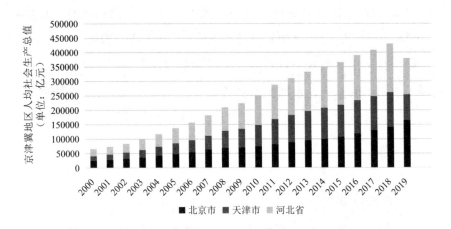

图 4-1   2000—2019 年京津冀人均社会生产总值变化趋势

从财政收支水平看,2019 年京津冀地方一般公共预算收入为 11966.5 亿元,约占全国的 10.7%。在一般公共预算收入方面,2019 年北京市和天津市的一般公共预算收入分别为 3330.7 亿元和 2410 亿元,分别完成调整预算的 101.8% 和 121.7%;而河北省一般公共预算收入为 3742.7 亿元,完成调整预算的 100.5%。整体上,京津冀地区财政运行状态较为平稳、稳中向好。

从居民生活水平看,2016 年,京津冀地区城镇化率达到 66.7%,同比增长 0.8%;三地居民人均可支配收入分别为 67756 元、42404 元和 25665 元,较前一年分别增加 8.7%、7.3%、9.5%。2020 年,经过疫情冲击和调整之后,三地社会民生保障措施不断加强,居民生活水平逐渐回升至疫情前的水平,并呈现出不断向好的发展态势。

(二)人口概况

经第七次全国人口普查统计,2020 年京津冀地区常住人口为 11,036.92 万人,占全国总人口的 8.01%,北京、天津和河北三地的常住人口比例分别为 19.8%、12.6% 和 67.6%。在三地的全部常住人口中，天津市的老龄化率高于全国平均水平，并呈持续增长趋势；与京津相比，河北省 14 岁及以下的儿童和青少年的比例相对较高，而青壮年和中年人口比例相对较低，这可能是由于北京市和天津市对于河北省形成的"虹吸效应"所导致，将大部分青壮年劳动力吸引到大城市工作（图 4-2）。

年龄	北京市			天津市			河北省		
	人口数（万人）	占全部常住人口比例	与第六次人口普查对比	人口数（万人）	占全部常住人口比例	与第六次人口普查对比	人口数（万人）	占全部常住人口比例	与第六次人口普查对比
0-14岁	259.15	11.83%	上升3.3%	186.78	13.47%	上升3.67%	1508.89	20.22%	上升3.39%
15-59岁	1500.29	68.52%	下降10.4%	899.49	64.87%	下降12.31%	4470.92	59.92%	下降10.24%
60岁以上	429.85	19.63%	上升7.1%	300.34	21.66%	上升8.64%	1481.20	19.85%	上升6.85%
65岁以上	291.20	13.30%	上升4.6%	204.75	14.75%	上升5.23%	1038.79	13.92%	上升5.68%

图 4-2 2020 年京津冀地区人口年龄结构

第二节 京津冀大气污染现状及存在问题

一、京津冀大气污染现状

京津冀是我国经济发展的重要城市群之一，但同时也是大气污染较为严重的区域之一（图 4-3）。自 21 世纪以来，京津冀的大气污染问题陡然加重。$PM_{2.5}$ 是指环境空气中空气动力学当量直径小于等于 2.5μm 的颗粒物，是衡量大气污染的重要指标之一（张菊等，2006；王宁静和魏巍贤，2019；李舒惠，2023）。2000—2014 年间，京津冀地区城市建成区内的 $PM_{2.5}$ 浓度几乎翻倍，年均浓度超过 75 μg/m³ 的区域范围显著增加（刘海猛，2018）。从空间维度上看，京津冀地区 PM$_{2.5}$ 浓度总体呈现从西北至东南逐渐升高的趋势，大气污染较严重的区域主要集中在城市建成区，而河北承德、张家口以及北京西北部的山区等区域大气污染程度较低（刘海猛，2018）。经政策调控，2014—2017 年京津冀地区 PM$_{2.5}$ 年均质量浓度平均值从 83μg/m^3 下降至 64 μg/m^3（孟晓艳，2018）。据生态环境部发布的《2019 年中国生态环境状况公报》，2019 年京津冀区域 PM$_{2.5}$ 的平均浓度为 50 μg/m^3，同比下降 9.1%，但仍为国家 2 级标准的 1.6 倍左右，区域大气重污染的情况时有发生。一年之中，京津冀地区 PM$_{2.5}$ 浓度通常在秋冬季节达到最高水平。这一方面是因为冬季取暖时燃煤量较大，汽车尾气排放量较多，导致颗粒物排放量显著增加。另一方面是由于冬季的气温较低，同时光照强度较弱，导致大气层结不易突破，进而不利于污染物的扩散和疏解，最终导致 PM$_{2.5}$ 等颗粒物在空气中大量聚集（赵辉等，2020）。

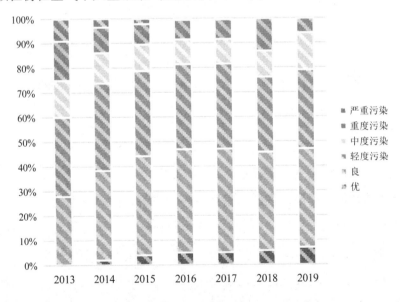

图 4-3　2023 年京津冀空气质量分布图

二、京津冀大气污染协同治理演变历程

通过梳理近几年京津冀大气污染协同治理的相关政策文件，可以将有关京津冀大气污染协同治理政策的演变历程分为以下三个阶段：（1）1978—1995 年：经济优先阶段——以经济发展为核心，政策呈单支柱发展；（2）1996—2005 年：协调兼顾阶段——经济、社会与环境并列推进，注重多元协调；（3）2006 年至今：环境优先阶段——以环境保护为引领，实现经济、社会与环境的有效协调与融合。在国家尺度，自 2010 年原国家环境保护部牵头发布了《关于推进大气污染联防联控工作改善区域空气质量的指导意见》，首次指出了"联防联控"的治理思路，并为京津冀大气污染协同治理提供了明确的治理方向与治理目标。随后中央政府和地方政府多次联合发布区域大气污染防治工作行动方案，从国家层面明确了区域发起污染协同治理的方向、原则与目标。而在地方政府尺度，京津冀三地通过积极沟通协调也联合发布了多项文件，例如《京津冀能源协同发展行动计划（2017—2020 年）》，对国家区域污染协同治理积极响应，提升区域大气污染协同防治水平。通过上述长期举措，京津冀地区的 $PM_{2.5}$ 浓度指数显著下降，京津冀地区协同治理政策取得成效（图 4-4）。研究数据显示，2019 年京津冀地区 $PM_{2.5}$ 浓度较 2013 年下降 47.2%，平均优良天数较 2013 年上升 39.6%，大气环境治理呈现出优增劣减的良好发展趋势（冯贵霞，2016）。

表 4-1 京津冀大气污染协同治理发展阶段

第一阶段（1978—1995）	
1979	《环境保护法》正式颁布，标志着中国环境保护步入法制轨道。
1994	"空气净化工程"以治理机动车排气污染和燃煤污染为突破口，分别开展"清洁汽车行动""清洁能源行动"，北京为"清洁汽车行动"的示范城市之一。

续表

1995	《大气污染防治法》的修订。
第二阶段（1996—2005）	
2000	《大气污染防治法》的再次修订。
2005	北京市在全国提前实施国家机动车第三阶段排放标准，继而推广至全国范围。
第三阶段（2006至今）	
2008	北京奥运会期间，国家启动空气质量区域联防联控机制，国家环保部与京津冀、山西、山东等6省（区、市）联合制定了《第29届奥运会北京空气质量保障措施》。
2010	国家环保部联合发改委、科技部等八部委共同制定《关于推进大气污染联防联控工作改善区域空气质量的指导意见》，提出要在2015年建立大气污染联合防控机制。
2012	《重点区域大气污染防治"十二五"规划》开始实行，包括京津冀、长三角、珠三角等13个重点区域。
2013	天津市发布《美丽天津建设纲要》。
2013	《大气污染防治行动计划》由国务院发布实施，要求建立京津冀、长三角区域联合防控协调机制，并由国务院有关部门、省级人民政府组成协调委员会；同年，国家环保部、发改委、工信部等部门联合印发《京津冀及周边地区落实大气污染防治行动计划实施细则》，要求建立健全区域协作机制。
2013	我国第一个区域性环境气象中心——中国气象局京津冀环境气象预报预警中心成立。
2014	《大气污染防治行动计划实施情况考核办法实施细则》明确规定区域大气污染防治的具体考核办法与细则。
2015	《中华人民共和国环境保护法》正式提出重点区域联合防治协调机制。
2015	北京、天津、石家庄去年先后完成颗粒物源解析工作，明确了机动车、扬尘和燃煤分别是三地本地$PM_{2.5}$的首要来源，并据此进行精确防控。
2016	发布《京津冀大气污染防治强化措施》。
2017	发布《京津冀及周边地区2017年大气污染防治工作方案》。

续表

2018	发布《京津冀及周边地区 2018—2019 年秋冬季大气污染综合治理攻坚行动方案》，将加强区域应急联动水平，加大联合执法力度。
2020	生态环境部相关负责人宣布，建成了国内最大的空天地综合立体观测网和数据共享平台，建立了完备的区域 $PM_{2.5}$ 综合源解析的方法体系。
2020	宣布建立了"监测预报—会商分析—预警应急—监管执法—跟踪评估"全过程的重污染天气应对技术体系。

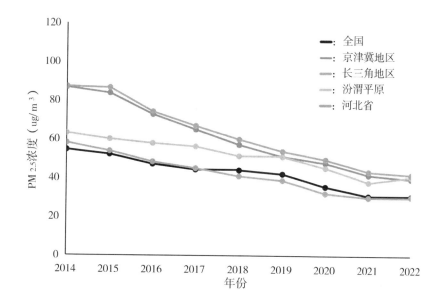

图 4-4　2013—2021 年全国及重点区域 $PM_{2.5}$ 浓度变化情况

三、京津冀大气污染治理存在的问题

近年来，随着党中央、国务院对于大气污染防治工作不断重视，为打赢蓝天保卫战，京津冀地区实施了一系列政策（表 4-2）。但空气质量的改善效果尚未稳定，尤其在秋冬季节，大气污染问题依然严峻。一些学者分析评估了京津冀大气污染治理效果，认为区域大气污染治理仍

存在一定问题，主要可以归纳为以下几个方面：一是在治理理念方面，区域行政主体缺乏合作共赢的意识，大部分地区仍以自身 GDP 增长为主要发展目标，而以被动方式应对大气污染治理，因此迫切需要中央政府的干预和监督。二是在组织结构方面，目前负责京津冀地区大气污染治理的主要是京津冀及周边地区大气污染防治协作小组，其核心任务是协调区域政府之间的政策内容及实施，该组织协调结构处于组织初创阶段，构造较为简单、缺乏权威性和严肃性、有向下依附性，在具体运行过程中面临较多的困难和挑战（赵新峰，2014）。三是在资金支持方面，京津冀三地的地方财政能力存在显著差异，这导致了各地对大气污染等环保问题的重视程度有所不同。此外，地方政府在治理环境时面临的事权与财权不匹配的问题，使得外部资金与政府治理投入的比例失衡。这种不平衡状况削弱了地方政府在区域大气联防联控治理中的积极性（陈桂生，2019）。四是在技术处理方面，京津冀地区的大气污染以复合型污染为主要特征，而现有的大气污染治理技术主要针对气态和颗粒两种污染物，在处理汽车尾气等复合型污染源时效率仍然处于较低水平（荣硕，2016；商伟，2019）。

表 4-2　2010—2018 年京津冀地区大气污染治理相关文件

年份	文件	大气污染协同治理	部门
2010	《关于推进大气污染联防联控工作改善区域空气质量的指导意见》	提出"大气污染联防联控"的思路	环保部、发改委、工信部等九部委
2012	《重点区域大气污染防治"十二五"规划》	提出大气污染重点区域联防联控的一个系列和五项机制	环保部、发改委、财政部
2013	《大气污染防治行动计划》	提出建立"京津冀、长三角区域大气污染防治协作机制"	国务院

续表

年份	文件	大气污染协同治理	部门
2013	《京津冀及周边地区落实大气污染防治行动计划实施细则》	建立健全区域协作机制	环保部、发改委、工信部等六部委
2014	《中华人民共和国环境保护法》（2014修订）	正式提出重点区域联合防治协调机制	全国人民代表大会常务委员会
2014	《大气污染防治行动计划实施情况考核办法（试行）实施细则》	大气污染防治考核办法	环保部、发改委、工信部等六部委
2015	《中华人民共和国大气污染防治法》（2015修订）	提出建立重点区域大气污染联防联控机制	全国人民代表大会常务委员会
2016	《京津冀大气污染防治强化措施》（2016—2017年）	京津冀三地大气污染防治措施	环保部、京津冀三地政府联合发布
2017	《京津冀及周边地区2017年大气污染防治方案》	明确区域大气污染治理的任务，加强联防联控	环保部等四部委和北京、天津、河北等六省市
2017	《京津冀能源协同发展行动计划（2017—2020年）》	共同提升京津冀能源治理和管理水平	京津冀三地发改委
2018	《京津冀及周边地区2018—2019年秋冬季大气污染综合治理攻坚行动方案》	加强污染天气应急联动，加大联合执法力度	生态环境部十二部委和北京、天津、河北等六省市

第三节 京津冀生态补偿现状及存在问题

一、京津冀生态补偿现状

京津冀区域间生态补偿的政策由来已久，自20世纪90年代开始，为保证京津冀地区的生态质量，三地政府通过签订条约、组建生态合作小组等方式建立合作关系，以实现区域整体生态环境的可持续发展（王立平等，2018；荆赛，2020）。通过实施生态补偿策略，不仅能够扶持地方财政不足的地区完成区域生态治理任务，还能进一步缓解区域之间发展不平衡不充分的问题。2016年国务院发布《"十三五"生态环境保护规划》指出，到2017年要在京津冀地区建立区域生态保护补偿机制，将北京、天津支持河北开展生态建设和环境保护"制度化"；到2020年，京津冀地区的生态环境保护协作机制要有效运行，实现"明显改善生态环境质量"的目标。

目前，京津冀地区实施的生态补偿措施可以分为两大类：一是针对空气质量的生态补偿；可以分为基于风沙天气治理的森林生态补偿和基于雾霾天气治理的大气污染生态补偿，例如，2000年启动实施的京津风沙源治理工程对于河北省山区和北京市部分山区进行的生态补偿；二是针对水资源质量的生态补偿，例如，2006年北京市为了解决密云水库上游地区的水环境污染问题，向河北省承德市和张家口市拨款2000万元的生态补偿基金，并于2010年在出台的《北京市水污染防治条例》的第十六条正式提出要逐步建立流域水环境资源区域补偿机制，由水资源受益的下游区向上游防治区进行补偿。京津冀区域内，河北省是主要的受偿方，补偿方式包括纵向生态补偿和横向生态补偿，马佳腾（2020）将横向生态补偿方式定义为"为获得优良的生态产品，与提供生态产品区域关系密切的区域之间、企业、个人和社会组织，根据生态保护成本、发展机会成本和所提供生态服务价值，由生态受益方向生态产品提供方进行的补偿"。目前京津冀地区内部主要采取纵向生态补偿的方式，横向生态补偿方式仍未大规模形成。京津冀地区生态补偿的路径主要以政府补偿和市场交易两种方式为主。其中，政府补偿方式是目前主流的生态补偿方式，主要是通过财政补贴和专项基金向生态产品提供方进行补偿；市场交易方式以水资源交易和碳交易为主，例如，2009年北京成立的北京环境交易有限公司以及北京市启动的碳排放权交易试点工作等（彭文英等，2020）。

二、京津冀生态补偿存在的问题

目前京津冀地区的生态补偿政策仍处于试点阶段，未形成生态补偿长效机制。部分学者对其存在的问题进行了探讨，可归纳为以下四个方面：一是区际生态补偿规模较小，补偿要素较为单一。目前，京津冀内部进行的生态补偿大部分是以政府财政提供的项目基金为基础落实的，普遍规模小、投入少、较零散，未形成"成本共担、效益共享、合作共治"的治理长效机制（黄杰等，2017）。二是生态补偿标准模糊，缺乏科学规范的补偿定价程序和定价方法，在定价过程中对于某些机会成本考虑欠缺，导致补偿资金不到位。三是补偿主体单一且缺位，仅依靠政府投入大量财政转移资金进行补偿，社会组织和个人等公共参与机制缺乏，无法真正实现"谁污染，谁补偿"的生态补偿原则（李向东，2019）。四是区际横向补偿不足，区域发展仍以利益至上，横向转移支付难度较大，导致生态补偿项目建设的效率和质量偏低（杨文杰，2019）。

第四节　本章小结

本章重点介绍了京津冀地区发展概况、大气污染现状以及生态补偿现状。京津冀地区是我国经济发展的核心城市群之一，受温带大陆性气候的影响导致秋冬时节温度较低，光照较弱，不利于污染物的扩散。受地势地形影响，该地区的地势复杂，地形类型复杂多样，整体上位于华北平原之上，地势落差较小，导致大气污染物易聚集、难扩散。而受经济发展状况的影响，京津冀地区经济较为发达，人口密度大，第三产业发展水平高，交通工具排放量大，且冬季燃煤供暖需求量大，大气污染物较多。因此，京津冀地区是我国大气污染情况较为严重和较为集中的区域。

目前，京津冀地区的大气污染仍在治理中，虽然取得一定成效，但仍然存在较多问题。主要体现为区域行政主体缺乏合作共赢理念、职能部门缺乏权威性与执行力不足、资金投入欠缺、技术处理效率较低等。针对以上问题，京津冀地区探索了生态补偿政策。该措施主要分为两大类，第一类是基于地区空气质量状况的生态补偿，第二类是基于地区水资源质量状况的生态补偿。这些措施在一定程度上解决了上述问题，但由于处于试点阶段，仍然存在问题亟须解决，并未形成生态补偿长效机制。

第五章

京津冀城市群虚拟黑碳排放核算

第一节 模型构建

一、黑碳排放清单核算

建立黑碳排放清单需要获取能源使用和排放系数（EF）的数据。在本研究中，京津冀地区的能源使用数据来源于各城市的统计年鉴，不同行业和燃料类型的排放系数来源于相关文献（Kirchstetter et al.，1999；Chen et al.，2005；Zhang et al.，2013；Wang et al.，2014；Xie et al.，2016；Zhao et al.，2016；Meng et al.，2018），并采用对数平均值的方式对其进行计算。本研究将统计年鉴中的 47 个行业进行分类并与 EF 表中的四个大类进行匹配。

由能源消耗引起的黑碳排放量的计算公式为：

$$C = \sum_{i=1}^{m} \sum_{j=1}^{n} E_{i,j} \times EF_{i,j}, \tag{1}$$

在式（1）中，C 代表黑碳排放总量（g）；$E_{i,j}$ 代表 i 部门对 j 能源的消耗量；$EF_{i,j}$ 代表 i 部门使用 j 能源的黑碳排放系数，即单位能源使用所排放的黑碳量。

二、多区域投入产出模型

本研究使用多区域投入产出模型探索贸易中隐含的黑碳排放。投入产出分析最早由 Leontief 在 1936 年提出（Leontief，1936），被广泛应用于环境领域的核算，如隐含能源（Li et al.，2016；Owen et al.，2017）、隐含碳排放（Tiwaree and Imura，1994；Wyckoff and Roop，1994；Weber and Matthews，2007；Dhakal，2009；扈涛和王文治，2017；Zheng et al.，2019）、隐含 PM 排放（Peters et al.，2010；Peters et al.，2011；Zhao et al.，2015；Deng et al.，2016）、虚拟水（Shao et al.，2017；Wang et al.，2012）和虚拟土地（Chen et al.，2015）等。

本研究使用了由 Zheng et al.（2019）编制的京津冀地区多区域投入产出表，该表包含 40 个地区，包括京津冀地区的 13 个城市及中国其他 27 个省级区域（不包括西藏和港澳台地区的数据）。将 Zheng et al.（2019）构建的河北省城市级多区域投入产出表嵌入到中国省级多区域投入产出表中，最终得到包含 40 个生产部门的京津冀地区多区域投入产出表。

对于 M 个地区和 N 个产业部门的经济体，投入产出遵循以下平衡：

$$x_i^r = \sum_{s=1}^{M} \sum_{j=1}^{N} z_{ij}^{rs} + \sum_{s=1}^{M} y_i^{rs} \tag{2}$$

在式（2）中，z_{ij}^{rs} 代表由 r 地区 i 部门出售给 s 地区 j 部门的中间产品；y_i^{rs} 表示隐含在 s 地区最终需求中的来自 r 地区 i 部门的产品；x_i^r 则代表 r 地区 i 部门的最终总产出。直接消耗系数 $a_{ij}^{rs} = z_{ij}^{rs}/x_j^s$，代表 s 地区 j 部门的每单位产出所消耗的 r 地区 i 部门的投入量。将式（2）写成矩阵的形式，为：

$$X = AX + Y, \tag{3}$$

式（3）变形可得

$$X = (I - A)^{-1}Y, \qquad (4)$$

则黑碳排放量 e 的计算方式为：

$$e = E(I - A)^{-1}Y. \qquad (5)$$

其中，E 代表黑碳排放系数矩阵。

第二节　结果讨论

一、京津冀城市群隐含黑碳排放核算

（一）京津冀地区各城市的隐含黑碳排放系数

京津冀地区各个城市的隐含黑碳排放系数如图 5-1 所示。整体来

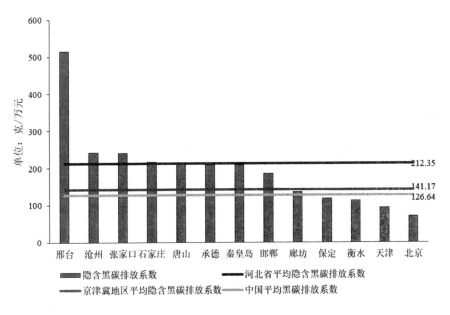

图 5-1　2012 年京津冀地区隐含黑碳排放系数

看，京津冀地区的平均黑碳排放系数为 141.17 克/万元，其中河北省的排放系数最高，达到 212.35 克/万元；北京和天津的隐含黑碳排放系数最低，分别为 69.36 克/万元和 92.26 克/万元。从城市尺度来看，河北省的城市普遍呈现较高的隐含黑碳排放系数，邢台市的排放系数最高，达到 514.27 克/万元，约为京津冀地区平均值的 3.5 倍；沧州紧随其后，排放系数为 242.42 克/万元，约为京津冀平均值的 1.7 倍。

隐含黑碳排放系数与当地经济条件大致呈现负相关关系。北京和天津作为发达地区，在当地先进的工业技术、严格的环境控制政策以及大量从周边地区进口的排放密集型商品等因素的共同作用下，北京和天津的隐含黑碳排放系数较低。相对而言，邢台等城市的经济表现较差，人均 GDP 在全省排名较低，隐含黑碳排放系数较高。

（二）京津冀城市最终消费中的隐含黑碳排放

2012 年京津冀地区最终消费中的隐含黑碳排放量如图 5-2 所示。

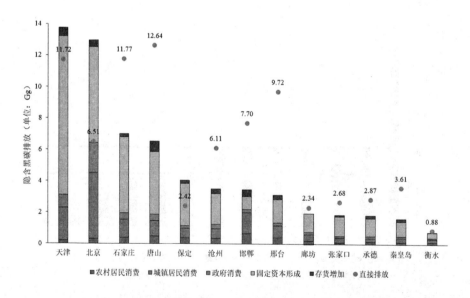

图 5-2　2012 年京津冀地区隐含在最终消费中的黑碳排放情况

最终消费包括农村居民消费、城镇居民消费、政府消费、固定资本形成和存货增加五大类。整体来看，该地区隐含黑碳排放总量为 62.50 Gg。从区域尺度来看，天津和北京的黑碳排放量最大，分别为 13.76 Gg 和 12.96 Gg，两地合计占京津冀地区总排放量的 42.75%，其次是河北省经济较发达的三个城市：石家庄（7.00 Gg）、唐山（6.55 Gg）和保定（4.04 Gg）。值得注意的是，除北京、天津和保定外，大多数城市的黑碳直接排放量超过了隐含黑碳排放量。这一结果证实了河北省各城市在京津冀地区贸易中更多地扮演了高排放的商品和服务的提供者，而非单纯的消费者。

从不同类别最终消费中的隐含黑碳排放来看，固定资本形成引起的排放量占比最大，天津、石家庄和保定的固定资本形成导致的排放量分别占其总排放的 73.52%、68.92% 和 66.28%，这表明基础设施建设和固定资产投资是主要的黑碳排放来源。此外，城镇居民消费也对隐含黑碳排放产生了显著影响，尤其是在邯郸和北京，两地城镇居民消费分别占到了 38.19% 和 32.49%。

（3）京津冀城市群贸易中的虚拟黑碳转移

图 5-3 展示了隐含在京津冀城市贸易之间的黑碳转移情况，箭头表示贸易中隐含的黑碳排放量的转移方向，线宽与排放量成正比。箭头的终点代表贸易中的环境受益者（商品进口方），箭头的起点代表贸易中的环境接受者（商品出口方），进口商通过从出口商进口额外的货物和服务来避免当地的直接排放。北京是最大的环境受益者，显著转移了以隐含黑碳量衡量的直接排放责任，避免了 3.43 Gg 的本地直接黑碳排放。天津的最终消费导致了河北省较高水平的黑碳排放，但同时天津也是北京的生产供应地，北京向天津转移了 0.53 Gg 的黑碳排放。河北省是京津冀地区主要的资源提供商，保定是河北唯一隐含黑碳排放量超过直接黑碳排放量的城市，通过从京津冀地区的其他城市进口商品和服务避免了 0.77 Gg 的本地直接黑碳排放。相比之下，邢台和石家庄则承担

了较大的生产责任，为京津冀地区其他城市提供商品和服务，分别导致了 2.32 Gg 和 1.64 Gg 的本地直接黑碳排放。这一结果表明京津冀地区当前黑碳排放责任分配机制效率低下，高排放系数（即低资源利用效率）城市承担了更多的生产责任，从而导致京津冀地区的总排放量增加。

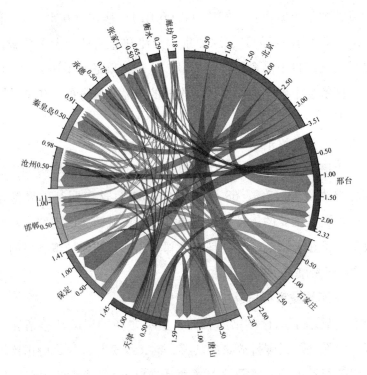

图 5-3　2012 年京津冀地区隐含黑碳排放的转移情况（单位：Gg）

二、中国区域间隐含黑碳排放核算

（一）中国各地区的隐含黑碳排放系数

如图 5-4 所示，全国平均隐含黑碳排放系数为 126.64 克/万元，而京津冀地区的隐含黑碳排放系数为 143.41 克/万元，高于全国平均水平。尽管北京和天津的排放系数低于全国平均值，但河北的高排放系数拉高了京津冀地区的平均排放系数。

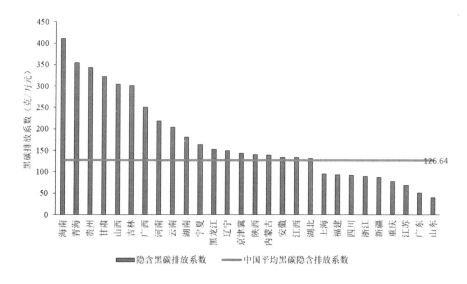

图 5-4　2012 年京津冀地区和中国其他地区的隐含黑碳排放系数

此外，各地区的隐含黑碳排放系数与当地经济发展水平之间呈明显负相关关系。排放系数最高的是海南（410.23 克/万元），超出全国平均水平的三倍以上，其次是青海（354.56 克/万元）和山西（304.72 克/万元），其人均 GDP 在我国排名较低。排放系数最低的三个地区分别为山东（39.94 克/万元）、广东（50.94 克/万元）、江苏（67.93 克/万元），主要位于沿海发达地区。

（二）中国各地区最终消费中的隐含黑碳排放情况

图 5-5 展示了 2012 年京津冀地区及中国其他地区的隐含黑碳排放量。中国的隐含黑碳总排放量为 632.14 Gg，其中京津冀地区排在首位，排放量为 62.50Gg，其次是河南（51.18 Gg）和湖南（35.26 Gg）。排在最后五位的是重庆（9.83 Gg）、新疆（8.73 Gg）、青海（7.89 Gg）、海南（7.66 Gg）、宁夏（3.61 Gg）。京津冀地区的黑碳直接排放远超隐含排放，其中河北是直接排放大省，主要原因在于其整体技术水平较低，且在纺织、金属及农产品等领域大量生产并出口能源密集型产品。

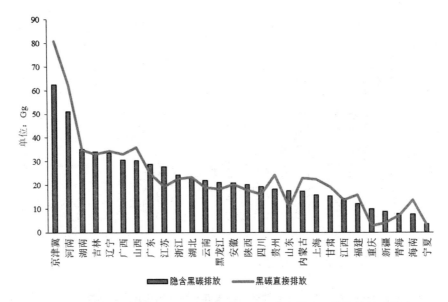

图 5-5 2012 年京津冀地区和中国其他地区隐含在最终消费中的黑碳排放

（三）京津冀地区与中国其他地区间贸易中隐含的黑碳排放转移情况

图 5-6 展示了京津冀地区与全国其他省级地区贸易中隐含的黑碳排放转移量，箭头表示黑碳转移方向，线宽与隐含排放量成比例。例如，京津冀地区向浙江出口的商品导致京津冀地区当地黑碳直接排放增加 1.96 Gg；同时，浙江通过将部分本地生产责任转移至京津冀，避免了相同数量的本地直接排放。因此，京津冀地区在全国贸易中充当环境污染的接收者，而非污染转移者。

由于向国内其他地区提供商品和服务，京津冀地区的本地黑碳排放增加了 2.06 Gg。贸易过程中，京津冀地区虚拟黑碳排放转移以中国东部地区为主，其次是中部和西部。山东是与京津冀地区进行贸易的最大的环境污染转移者，通过进口来自京津冀地区的商品和服务避免了1.99 Gg 的当地直接黑碳排放，其次是浙江（1.96 Gg）、广东（1.75 Gg）和江苏（1.27 Gg）。上海也通过与京津冀的贸易转移了 0.44G 的

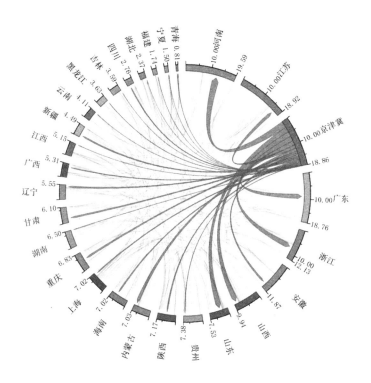

图5-6 2012年京津冀地区与中国其他地区之间的隐含黑碳排放转移情况（单位：Gg）

当地黑碳排放。长江三角洲经济区是世界六大都会区之一，也是中国最大的外贸出口基地，贡献了中国约五分之一的 GDP。在中国西部，新疆是与京津冀地区进行贸易的环境污染转移者，贸易所避免的直接排放量为 0.57Gg。

京津冀区域的主要商品和服务供应商是其邻省河南，河南省由于为京津冀地区提供产品和服务，当地的直接黑碳排放量增加了 2.67Gg，山西也因与京津冀地区的贸易，使得当地直接黑碳排放增加 1.98Gg。山西作为老工业基地，煤化工、装备制造业、材料工业是最具竞争力的产业，长期以来，山西经济发展中存在着主导产业单一、经济结构不合理等资源依赖型经济的诸多弊端。

江苏、浙江和上海的隐含黑碳排放系数较低，而京津冀地区的排放系数高于全国平均水平。这些结果反映了资源利用效率较低的地区因承担更多生产任务，反而导致排放增加，形成"低效高责"的矛盾现象。随着国家内部贸易流动不断增强，发达地区可以通过从欠发达地区进口更多的碳排放密集型商品和服务，将黑碳排放转移给欠发达地区，这不但会导致国家排放总量增加，还会加剧环境质量的区域差异。

第三节　本章小结

本章研究结果表明，隐含黑碳排放系数与当地经济条件呈负相关关系。排放系数高的地区通常向低排放系数的发达地区提供排放密集型商品和服务，从而导致区域总排放量增加。这主要是由于目标冲突和治理碎片化，当发展中地区的地方政府在面临短期经济效益和长期环境保护的权衡时，普遍存在"先污染后治理"的理念，经济发展战略往往被优先考虑，而环境保护战略则相对滞后。此外，地方政府在决策中主要关注其自身管辖区的生态环境，对其他地区的关注较少，这阻碍了区域协同减排的有效推进。

京津冀地区作为中国典型的城市群，基于城市合作视角探索高效减排途径，可以为其他城市群提供借鉴。核算结果表明，在当前京津冀区域发展战略背景下，北京和天津是黑碳排放的主要转移方，区域内产生的大量消费需求主要由河北承担，而由于技术欠缺以及产品的排放密集型属性，河北面临较大的黑碳减排压力。同时，这也导致京津冀区域整体黑碳排放水平的增加。因此，为解决京津冀地区空气污染问题，实现京津冀地区协同发展，应该改变已有区域不平衡的贸易供应链。本研究结果揭示了黑碳减排政策的制定应立足于区域协同与系统整体的视角。当前的本地污染治理模式是不可持续的，会导致高排放系数和低整体环境利益等问题的出现，进一步加剧区域经济发展与生态环境保护的矛盾。

第六章

京津冀城市群黑碳生态补偿机制

第一节　模型构建

本研究基于环境健康价值评估理论，通过以下两个步骤来核算黑碳大气污染所引起的生态补偿价值。第一步需要探究黑碳浓度变化对健康效应的影响，即对疾病发生率、死亡率的影响；第二步需要基于健康效应变化推算出相应的经济效应变化。根据以上步骤，本研究建立了如下核算模型：

$$L = \sum_{i=1}^{M} L_i = \sum_{i=1}^{M} E_i \cdot L_{pi} \tag{6}$$

式中：L 代表大气中黑碳的浓度改变所导致的健康效应所对应的经济效益总变化量；L_i 表示健康终端 i 的健康效益变化所对应的经济效益变化；E_i 表示健康终端 i 的健康风险变化量，采用环境健康风险评估法进行计算；L_{pi} 表示每一单位的健康终端 i 的健康风险变化所对应的社会经济价值，采用环境健康价值评定方式进行计算。

一、环境健康风险评估

环境健康风险评估主要通过流行病学研究来获取污染物浓度与健康

效应之间的暴露-反应系数，并根据泊松回归的相对危险度模型推导变换来估算健康效应变化量。在该模型中，某一特定健康终端在黑碳实际浓度下的健康风险计算如下：

$$I = I_0 \cdot \exp(\beta \cdot (C - C_0)) \tag{7}$$

式中：I 指的是黑碳实际浓度下的人群健康风险（死亡率或发病率）；I_0 代表黑碳基准浓度下的健康风险指数；β 指的是该健康终端疾病对应的暴露-反应系数；C 代表实际的黑碳浓度；C_0 指黑碳的参考基准浓度。

由此，黑碳污染导致的健康风险变化可表示为：

$$\Delta I = I - I_0 = I \cdot \left(1 - \frac{1}{\exp(\beta \cdot (C - C_0))} \right) \tag{8}$$

因此，该黑碳浓度变化对选定健康终端带来的健康效应变化量 E 可由如下等式计算：

$$E = P \cdot I \cdot \left(1 - \frac{1}{\exp(\beta \cdot (C - C_0))} \right) \tag{9}$$

式中：P 指人群中的暴露人口数。

二、环境健康价值评估

在环境健康价值评估中，健康终端通常包括过早死亡终端和疾病终端。本研究采用的价值评估方法包括意愿支付法和疾病成本法。意愿支付法通过衡量被调查者的主观意见，可直接测量人们对改善自己或他人的健康而愿意支付的货币额度。疾病成本法则用于核算与空气污染引致疾病相关的成本，通常包括医疗费用和由于误工而产生的经济损失等。

在死亡终端上，"统计意义上的生命价值"（VSL）是本研究采用的评估概念。VSL 指的是在统计意义上人们为降低某一单位死亡风险而愿意付出的以货币表示的代价。本研究首先基于我国目前较为完善的北京健康支付意愿调查结果，获得北京市 VSL 数据。然后，利用效益转换法，对京津冀其他城市的健康支付意愿进行换算，并评估黑碳转移的健康经济效益变化。对于未能采用意愿支付法评估的健康终端，本研究则采用疾病成本法进行核算。基本计算公式如下：

$$VSL_n = VSL_{BJ} \cdot \left(\frac{I_n}{I_{BJ}} \right) \tag{10}$$

式中：VSL_n 和 VSL_{BJ} 分别为京津冀地区除北京以外的其他城市 n 和北京市的 VSL 值；I_n 和 I_{BJ} 分别为京津冀地区北京以外的其他城市 n 和北京市的人均可支配收入。

疾病成本法的基本计算公式为：

$$C_i = (C_{Pi} + GDP_p \cdot T_{Li}) \cdot \Delta I_i \tag{11}$$

式中：C_i 为黑碳对健康终端 i 造成的疾病总经济成本；C_{Pi} 为健康终端 i 的单位病例的疾病成本，GDP_p 为京津冀地区日均人均生产总值（单位：元/人·天），T_{Li} 是因为健康终端 i 的疾病所导致的误工时间（单位：天）；ΔI_i 为健康终端 i 因黑碳污染导致的健康效应变化量。

第二节 结果讨论

一、京津冀各城市黑碳生态补偿价值核算

基于环境健康价值评估模型，本研究计算了京津冀各个城市的生态价值补偿情况，如图 6-1 所示。从京津冀区域整体来看，隐含在贸易中的黑碳输出量大于输入量，表明该地区在全国范围内处于环境污染接收方的地位，需获得来自其他地区的黑碳生态补偿金额为 2957.31 万元。隐含在贸易中的黑碳转移方向决定了生态补偿价值的流向。北京、衡水等 5 个城市为净污染转移者，承担生态补偿责任；而石家庄、唐山

等 8 个城市为净污染接收者，接受生态补偿。此外，商品和服务提供者的经济状况显著影响补偿额度。在其他条件相同的情况下，经济发展水平高的地区获得的生态补偿更多。例如，天津接受的隐含黑碳排放量大于其供给其他区域的黑碳排放量，尽管承担黑碳排放，其高经济发展水平使得其需要获得大量生态补偿，以应对因向北京等城市供货而导致的健康损失。邢台因京津冀区域间贸易而导致的当地直接黑碳排放多于石家庄，但石家庄所需生态补偿数目却接近邢台的 1.5 倍，这是因为石家庄的经济发展水平更高，相同黑碳健康效应变化下产生的经济效益变化也更大。

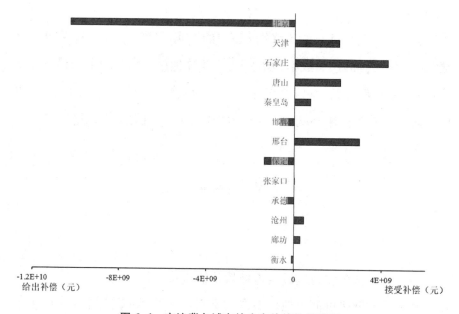

图 6-1 京津冀各城市的生态价值补偿情况

为推动北京、天津、河北三地实现资源利用、污染治理、生态保护的协同运作，开展跨区域横向生态补偿以及生态项目合作，形成成本共担、收益共享的良性互动机制将是必然趋势，对京津冀协同发展具有重要的促进作用。本研究结果说明，制定基于空气污染的生态价值补偿政策时，不仅要考虑污染物的直接排放，隐含在贸易中的污染物转移同样是污染治理合作的关键因素。在黑碳转移量相同的情况下，不同地区所需承担的生态补偿额度存在差异。生态补偿额度不仅受隐含黑碳转移量的影响，还受到各地区经济状况的制约。例如，北京从天津进口商品时需支付的生态补偿高于从河北进口的相同商品，这是因为天津的经济更为发达，黑碳浓度变化在经济发达地区带来的健康经济效益损失更大。综上所述，生态价值补偿额度的确定应综合考虑贸易中的黑碳转移量、地区经济发展状况。

二、京津冀城市间黑碳生态补偿价值核算

表 6-1 展示了京津冀各个城市之间的基于黑碳转移的生态价值补偿。总体来看，不同城市的补偿额度差异显著，与贸易中的黑碳转移方向密切相关。从生态价值补偿的提供方来看，北京的生态补偿需求最高，远超其他城市。其中，北京需要向天津的生态补偿提供最多的生态补偿，同时北京也需要向唐山和石家庄提供大量补偿。天津也是主要的生态价值补偿提供者，需要向除了北京和保定以外的其他城市提供生态价值补偿，尤其是唐山和石家庄。除北京和天津外，保定、邯郸、唐山也成为主要的补偿提供者，石家庄或唐山也是他们的主要供应目标。

从生态价值补偿的接受方来看，生态补偿主要集中于石家庄、天津、唐山、邢台等城市。石家庄接收来自几乎所有城市的生态补偿，主要来源包括北京、保定和唐山。尽管石家庄并非黑碳转移影响最大的城市，其所需生态价值补偿量依然最高，这主要是由于其较高的经济水平，导致在同等健康风险下产生了更高的健康经济效益。天津所需生态补偿几乎全部来自北京。唐山的大部分补偿也来源于北京。邢台的补偿来源地分布较为平均，其需要接受京津冀地区所有其他城市的适量补偿。

73

表 6-1　京津冀各城市间生态价值补偿额度（亿元）

补偿方	受补偿方													总计
	北京	天津	石家庄	唐山	秦皇岛	邯郸	邢台	保定	张家口	承德	沧州	廊坊	衡水	
北京		38.77	19.57	23.28	2.38	4.29	5.05		1.65	0.93	6.42	0.59	0.29	103.22
天津			5.76	6.97	0.72	1.72	1.83		0.16	0.28	1.42	0.37	0.07	19.30
石家庄					0.64		2.73					0.27		3.64
唐山			6.85		0.51		3.33	0.53			0.62	0.01		11.85
秦皇岛							1.27					0.04		1.31
邯郸			3.59	1.92	1.21		1.60	2.52	0.10	0.43	1.00	0.32	0.09	12.78
邢台														0
保定	0.66	0.70	7.61		1.35		7.33		0.36			0.55	0.15	18.35
张家口			0.23	0.18	0.52		0.90			0.93	0.54	0.08	0.02	2.83
承德			1.38	0.16	0.26		0.78	0.45			1.27	0.06	0.01	5.30
沧州			0.42		0.95		4.00	0.79				0.65		6.81
廊坊							0.03						0.00	0.03
衡水			0.66	0.07	0.09		0.79				0.11			1.72
总计	0.66	39.47	46.07	32.58	8.63	6.01	29.64	4.65	2.84	1.64	11.38	2.94	0.63	

三、京津冀跨区域横向生态补偿机制设计

基于上述城市间的生态补偿核算可知，经济发展与生态环境保护存在严重失衡，大量的商品和服务资源聚集于北京，对其他城市的环境造成了一定程度的负面影响，因此，北京需要承担大量生态价值补偿，以促进区域间社会经济和生态环境的均衡发展。在以往的京津冀合作中，横向生态补偿机制的激励效果并不明显，现有生态合作方案无法完全满足三地日益紧密的生态一体化的发展需求。随着协同发展的不断深入，亟须构建多维、多元的生态补偿机制，开展跨城市的横向生态补偿方案以及生态项目合作，以实现黑碳污染治理由局部治理向区域一体化治理的转变，最终实现三地共同受益、共担成本、共同发展的长效目标，推动京津冀地区的生态与经济均衡发展。

先进的管理手段是生态补偿体系顺利实施的保障。京津冀地区需要建立跨区域生态补偿管理平台，明确生态补偿主体，并制定补偿标准与方式，从而形成完整的生态补偿体系。具体包括以下三方面：

第一，补偿主体的确定。根据"受益者付费"的原则，补偿主体应以政府为主导，广泛吸引全社会共同参与。生态保护所带来的优质生态服务功能属于公共产品，按照市场经济运行的普遍规律，公共产品的受益者需要向产品的提供者付费。因此，政府有责任代表全民建立和实施生态补偿制度。现有的国内外实践证明，京津冀地区处理空气污染问题并不能仅依靠城市间的非正式合作与协商，没有强制约束力的协商往往难以达到理想效果。因此，城市间大气污染生态补偿制度的实施需要中央政府的权威协调。中央政府不仅是补偿主体，也是协调与管理的核心。在中央政府和各地区政府的共同配合下，京津冀地区应形成中央政府纵向补偿和 13 个城市间横向补偿的混合补偿体系。上级政府需要统筹补偿过程，下级政府则应配合实现相互之间的生态补偿转移。不同城市的地方政府可将部分权力委托给上级政府，共同建立权威性的跨区域

空气污染防治协调机构，以统筹、领导和协调跨区域空气生态补偿。法律上需明确该机构管辖范围，赋予其处理管辖区域范围内空气生态补偿纠纷的仲裁权，并同时约束其权力，确保生态补偿公平。同时，社会上生态系统保护成果的受益者也应积极参与生态补偿方案的实施。

第二，生态补偿标准的制定。生态补偿标准的确定应基于京津冀虚拟黑碳转移的数据结果，核算污染治理的机会成本价值，建立京津冀区域间虚拟黑碳流动数据库和生态价值核算数据库，以监测虚拟黑碳跨区域流转，明确生态补偿支付区域和受偿区域，选择并实施相应的补偿方式。在补偿额度的确定上，应综合考虑生态系统服务价值、虚拟黑碳传输量和社会经济发展水平。生态补偿标准的分摊机制不仅应考虑中央政府的生态保护责任，也需考虑地方受影响程度等因素。政府层面的生态补偿可分为两部分：一部分由中央政府以专项基金的形式对黑碳转移接收区进行纵向转移支付，另一部分则由转移区根据实际受影响程度对接收区进行横向转移支付。如何判断纵向层面各级政府的补偿比例，以及横向层面各地方政府基于黑碳流转量的补贴金额，是确定生态补偿标准的核心问题。目前中国尚未建立全国性的生态补偿制度，导致中央与地方在具体实践中经常出现相互推诿的现象，财政资金分摊比例也缺乏统一规范。一般来说，中央财政转移支付资金要求地方财政按照1：1的标准进行配套，即中央和地方政府承担同等数额的补偿责任。王国栋等学者曾建议中央与地方生态补偿资金分摊比率设定为4：6，这一比例亦可应用于京津冀黑碳转移的生态补偿中（王国栋等，2012）。

第三，补偿方式的设定。京津冀地区应当建立多元化的生态补偿途径，创建灵活的补偿方法，并强调政府调控与市场机制的结合。在补偿方式的选择上，除了要考虑补偿方的意愿与支付能力外，还需评估受偿方的实际需求及各种补偿方式的适宜性与有效性。从目前国内外横向生态补偿的实践来看，主流的补偿方式可分为公共政策类与市场手段类。生态产品具有公共产品的属性，因此，横向生态补偿在很大程度上要依托公共政策类的补偿方式，将生态保护中的经济外部性内部化。横向补偿方式包括：第一，专项资金类补偿方式。这一方式在国内外实践中较为流行，通常由地方政府从财政资金中列出的指定用途的资金，补偿方和受偿方的责权利相对明确。第二，经济援助类补偿方式。为了促进京津冀生态环境均衡发展，空气污染转移区（如北京、天津、保定等城市）可以采用"财政转移支付"形式，在经济上对京津冀的其他城市提供生态价值补偿，重点支持受贸易污染影响较大的地区，尤其是河北相对落后的城市。第三，技术支持类补偿方式。单纯的资金补贴对促进京津冀生态发展质量一体化的作用有限且不具备可持续性。为从根本上缓解地方发展不均衡问题，需要发达地区（主要是北京、天津）对欠发达地区提供科学、知识和技能上的支持，设计以资金补贴为主，技术和人才支援为辅的生态补偿体系。北京、天津等环境污染转移区可以在人才输送和技能培训等方面对污染接收区提供帮助，促进京津冀生态一体化发展。

第三节　本章小结

本章基于环境健康价值评估模型，核算了京津冀城市群在区域贸易中隐含黑碳排放转移所产生的生态价值补偿。研究结果显示，在全国范围内，京津冀地区隐含的黑碳输出量大于输入量，因此承担了环境污染接收方的角色，需要接收我国其他省份的生态补偿。而在京津冀区域内部，大部分城市为生态补偿的接收方，仅有小部分城市为提供方。此外，研究表明不同地区之间的补偿额度差异较大，这是由于商品和服务提供者的经济状况对补偿额度具有显著影响，在其他条件相同的情况下，经济发展水平较高的地区通常获得更多的生态价值补偿。从提供方来看，北京市所需提供的生态补偿远超其他城市，向天津提供的生态补偿最多，石家庄和唐山也是主要的接收方。从接受方来看，受偿方主要集中在河北省的石家庄、唐山、邢台等城市。其中值得注意的是，尽管石家庄不是受到隐含黑碳转移负面影响最大的城市，但其所需生态价值补偿量依旧最高，这是由于当地经济水平高，导致同等健康风险下产生了更高的健康经济效益。

为推动京津冀实现资源利用、污染治理和生态保护的协同运作，开展跨区域横向生态补偿及生态项目合作，已成为必然趋势。京津冀地区应构建跨区域生态补偿管理平台，确定生态补偿主体、制定生态补偿标准并设定多元化的补偿方式，以形成完整的生态补偿体系。在补偿主体方面，应遵循"谁受益，谁付费"的原则，形成政府主导、全社会参与的补偿形式。在补偿标准方面，需要建立京津冀区域间虚拟黑碳流动数据库和生态价值核算数据库，综合考虑生态系统服务价值、虚拟黑碳传输量和社会经济发展水平。在生态补偿方式上，需有机结合政府调控与市场机制，建立多样化的生态补偿途径。

第七章

京津冀黑碳污染协同减排策略

第一节　减排策略

京津冀应建立协同减排的联动机制，明确分工合作，确保政策衔接和执行。例如共同制定大气污染治理目标、标准和措施，建立联合执法、共享监测数据等机制以促进协同行动。通过深化政策配套措施，促进产业升级和结构调整，推动能源结构转型，完善大气污染治理和生态补偿机制，以及促进技术创新和跨区域合作，全面推进大气污染协同减排，实现区域绿色可持续发展。本章基于京津冀地区大气污染隐含黑碳排放转移的结果分析，提出以下减排策略。

一、确立"源—汇"系统性治理思路

污染物的全生命周期治理强调，对污染物的治理要贯穿其产生、扩散到降解消失的整个过程。根据不同治理措施在污染物"生产—消费"的全生命周期环节的分布，可以将其分为"源头控制"和"末端措施"两大类，即从"源"和"汇"两个视角进行系统性治理。

（1）源头控制也可以称为"源"治理，是指从源头上降低对化石能源的需求：减少化石能源的燃烧从而减少黑碳的产生，进而实现大气

污染的治理。在源头控制这一环节中，可以分别从生产—消费视角、产业结构视角和区域协调视角来分析制定具体的协同减排措施。

①生产—消费视角。从黑碳生产端出发，在保持经济增长的同时进行减排的最有效措施是走可持续发展道路，具体做法包括：优化能源结构，降低化石能源在能源结构中的比例，大力鼓励开发使用清洁能源、可再生能源，建设清洁低碳、安全高效的现代能源体系；加快能源技术创新，提高能源利用效率，推动煤炭等化石能源清洁高效利用；严格行业排放标准，强化约束性指标管理，对电力、交通、钢铁、水泥等重点行业与部门加强监管；加大经济、财税和金融政策支持力度，对严格落实防污减排和从事污染防治的企业实行政策优惠，鼓励、引导企业实行绿色生产、低碳生产等。而从消费视角来看，加强环保宣传，合理引导和改善居民消费结构，鼓励绿色消费、环保消费，倡导购买低排放的同类产品，有助于在生产者之间制造竞争，进而促进制造商不断优化自己的生产供应链，降低产品的黑碳排放强度，获得经济和环境的双重收益。基建和交通是城市居民日常生活中联系最为密切的两个部门，同时也是造成京津冀雾霾的重要原因。加强公共交通基础设施建设，实行公共交通优先，进一步推进居民低碳出行；推广新能源汽车，提高电动车产业化水平等措施能够有效降低交通部门的黑碳排放。

②产业结构视角：我国能源消费呈现明显的部门集中特点，第二产业是我国能源消费的最主要部门，也是黑碳排放的主要部门。通过产业结构调整，提高第三产业占比，能够带来显著的正协同效应。对于新进入的高污染高能耗的"两高"行业，应明确行业目录，修订完善行业准入条件，提高行业准入门槛。对于已存在的"两高"行业，一方面要鼓励企业发展绿色生产技术，推进产业绿色发展；另一方面要加大产业布局的调整力度，加快对不符合标准的"两高"企业的搬迁和关停（刘胜强等，2012）。针对具体产业而言：

能源部门是对空气污染贡献较大的一个行业，化石能源的燃烧导致了黑碳的大量排放。发达地区通过进口大量最终消费产品及其中间产品，将部分生产排放转移到欠发达地区，在生产这些产品的过程中产生了大量黑碳排放。为了在保持经济增长的同时减少排放，最有效的措施是走可持续发展道路，如降低化石能源在能源结构中的比例、提高能源利用效率、大力支持可再生能源的发展（薛婕等，2012）。电力部门是黑碳排放的主要贡献者。为实现电力部门的减排，应提升发电效率、优化发电结构。发电效率的提升主要通过淘汰小型低效的火电机组、新建大机组，以持续降低发电煤耗；发电结构的优化主要通过提高可再生能源的发电比例，并降低煤炭发电的占比。除此以外，发电产生的大气排放对环境的影响取决于发电厂的空间分布和电力调度决策，因此对低碳电力空气质量影响的评估必须考虑到黑碳排放的空间异质性变化。

交通部门是许多区域空气污染的主要来源之一，燃料的低效燃烧产生了大量的黑碳排放，其中道路交通部门碳排放占交通运输部门总排放的70%以上。中国汽车保有量增长势头强劲，据国家统计局2024年数据，从2013年的1.27亿辆增长至2022年的3.12亿辆，且人均保有量仍相对较低，增长潜力较高。在尽可能不抑制汽车市场发展的情况下，交通部门减排措施主要包括：能效的提升、交通出行模式的转变、建设紧凑的城市形态和完善的交通基础设施等（王灿等，2020）。北京市政府办公厅于2020年印发了《北京市轨道微中心名录（第一批）》的批复，通过建立功能复合、高效集约、紧凑便捷的轨道交通基础设施，逐步提高轨道交通出行分担率，进而降低道路交通的黑碳污染。

工业部门包括化工、钢铁、水泥、铝、纸张的生产以及矿物开采、建筑业等行业，也是黑碳排放的主要污染源之一。以京津冀地区为例，很多大规模的工业生产都依赖于河北地区的能源密集型产业，而河北省的污染减排技术相对落后，存在较大的改进空间。而目前工业部门的大气减排措施主要包括通过新工艺和技术提高能源效率、降低排放强度、减少产品需求、提高物料利用率和回收率等。例如，Thambiran 等

（2011）发现当炼油厂从使用重燃料油转向使用炼厂气和富含甲烷的天然气时，可以最大限度地实现污染减排。北京市住房城乡建设委员会发布了《北京市民用建筑节能降碳工作方案暨"十四五"时期民用建筑绿色发展规划》，提出在城乡新建和改建建筑中推广可再生能源应用，以及建筑废物回收利用的激励措施。建议进一步提升建筑行业的能源利用效率，特别是在京津冀欠发达地区。

居民部门的大气排放主要来源于电力和能源的消耗。改进炉灶、改用更清洁的燃料，改用更高效、更安全的照明技术等措施，可以缓解大气污染引起的健康问题。Wilkinson 等（2009）指出，在印度实施促进现代低排放炉灶技术的计划，可以带来显著的健康效益。Jamison 等（2006）评估了在世界不同地区实施的，旨在减少使用固体燃料做饭或取暖造成的室内空气污染的，特定干预措施的实施成本。研究结果表明，只要能够大幅减少人在固体燃料燃烧时产生的污染中的暴露面积，这些干预措施就具有成本有效性。因此目前需要大力发展实施能源创新项目，实现家庭能源系统的改善，从而减缓居民部门造成的黑碳污染。

综上，采用清洁的生产技术、更低的污染排放强度和先进的污染治理技术等，始终是实现大气污染减排的根本措施，这反映了技术效应对大气污染物排放量的影响。通过采用更环保、更绿色的生产技术，实现大气污染物的减排，在制造业相关行业尤为明显。通过产业集群和产业升级，促进资源的高效利用；加快淘汰落后产能，实施清洁低碳燃料替代，积极进行电气化调整和开发非化石燃料，以电力取代非电力部门的化石燃料，有助于增加大气污染减排的协同效益。

③区域协调视角。实现京津冀地区黑碳的协同减排需要同时关注京津冀地区的"同"和"异"。京津冀作为一个协同发展的区域整体，在进行协同减排时区域内部要方向一致，明确区域减排整体目标，统一区域减排标准，建立区域减排联动机制，实施联合执法、共同检测等措施。但同时，京津冀三地在协同减排时，也不可过分追求步伐一致，要

根据三地实际情况和未来发展定位进行适当调整。目前来看，京津冀三地在经济发展水平、产业结构、环境管理水平以及未来发展定位等方面均存在明显差异，在未来的发展中河北将承担更多的第二产业承接责任。在这一基础上，实现京津冀三地黑碳的协同减排，首先需要在区域整体目标下合理明确三地各自的减排目标，然后再在区域内部建立排放补偿机制，由京津两地向河北省进行维度多重、方式多元、长期有效的排放补偿。此外，还可以通过建立区域用能权、大气污染物排污权与碳排放权交易市场，协调三地企业的黑碳减排，提高区域内部减排的灵活性和有效性。

（2）而末端措施即"汇"治理，是指在黑碳产生后通过污染治理、生态修复等措施，控制它们的扩散，加快污染物的吸收和降解。相对于源头控制措施，末端措施费用成本更高，治理效果更低。但在雾霾的协同治理过程中，末端措施仍发挥着重要作用。推进高污染排放工厂和机动车安装过滤装置和吸附装置，能够有效减少黑碳的扩散。加快造林绿化步伐，推进国土绿化行动，提高城市绿化面积能够有效增加生态系统碳汇，加快对已排放黑碳的吸收。

二、实现区域间差异化治理措施

不同地区的黑碳排放强度有很大差异，如京津冀区域中一些重工业部门的黑碳排放强度能达到发达地区的10倍以上。黑碳不仅来源于化石燃料燃烧，工业生产过程中（如水泥、石灰生产）也产生大量的黑碳排放，尤其是在具有较宽松环境标准的地区。黑碳是短寿命污染物，对生态环境和气候具有较强的区域效应，并且排放特征受本地的技术水平以及环境标准的影响较大。因此，京津冀之间制定贸易协议时也需要将不同地区产品的黑碳排放强度列入考虑因素，促进低黑碳排放强度产品的流通，最终倒逼一些欠发达地区制定更为严格的监管标准，加强监管措施，降低其平均黑碳排放强度。

在全国范围内，京津冀地区的隐含黑碳排放系数超过全国平均水平，主要是由于京津冀庞大的人口数量导致了巨大的最终需求，而最终需求中隐含的黑碳排放量超过了 70 Gg。在京津冀区域内，隐含黑碳排放系数与当地经济状况呈现出负相关的关系。其中，北京和天津以经济效益较高的第三产业为主，排放系数最低，而河北省的经济以技术落后的第二产业为主，衡水和邢台的排放系数分别超过京津冀城市群平均水平的 10 倍和 3 倍。北京和天津在最终消费中隐含的黑碳排放量最高，其中固定资本形成导致的黑碳排放所占比例最大。但由于区域贸易，京津地区仅产生了 4.23 Gg 的当地直接排放，这是由于北京和天津通过进口商品和服务，将大量黑碳直接排放转移给生产方——河北。发达地区在消费产品和服务的同时避免了污染物排放，而欠发达地区获得了就业机会、税收等经济效益，二者均从交易中获益。因此，生产者和消费者在减少污染物排放过程中，应该共同承担责任以实现黑碳的有效减排。而在现有的供需模式下，排放强度高、资源利用效率低、技术落后的河北独自承担了日益增长的生产责任，从而导致京津冀地区的总排放量增加。因此，政府应从协同管理的角度在京津冀地区出台黑碳减排政策。鉴于本研究揭示的环境负担转移，为了实现环境公平，从而提高更大规模的减排效率，发达地区应对欠发达地区承担部分责任。

针对区域间的差异，分散化是缓解京津冀地区中心城市与其他城市不平等现象的必要举措。单一首都城市中心的发展模式需要转变为多中心城市群，并应优化协同发展的空间结构。在过去五年已经出台了几项相关政策：2017 年提出的雄安新区位于保定，用于承接北京的过剩产业和功能。2022 年，北京进一步帮助推动雄安新区的科技新城发展规划，并支持创新资源集群的发展。南部欠发达地区为排放密集型生产的净出口地，经济发展缓慢，黑碳排放高。面对京津冀地区南北之间发展的差异和不平等，这一系列分散化和多中心化的举措可有效缓解黑碳的排放。

三、完善京津冀地区跨区域横向生态补偿机制

完善京津冀跨区域横向生态补偿机制首先需要明确生态补偿主体。在大气污染难以界定责任方和受益方的情况下，亟须合理地确定生态补偿的补偿主体和受偿主体。中央政府应重点关注生态补偿的持续性和稳定性，地方政府需要根据"谁破坏，谁付费；谁受益，谁补偿"原则进行区域间的横向补偿。

其次是明确补偿标准，这是生态补偿的核心问题，涉及生态补偿金额的计算和分配。对大气污染治理进行生态补偿，不仅要明确受偿主体为大气污染治理共同目标的实现而承担的治理任务及其社会经济成本，同时也要明确资金来源，这是生态补偿需要解决的关键问题。大气污染治理生态补偿需要充足的资金支持，在当今环境治理方面，资金来源主要来自政府资金。例如，京津冀大气污染防治核心区设立后，北京与保定、廊坊，天津与唐山、沧州分别建立了大气污染治理结对工作机制，北京、天津两年来分别为河北省四市的大气污染治理提供了资金支持，为促进生态补偿提供了较为充足的资金。

但这一资金支持也为各地方政府带来了一定的财政负担，为减轻各地市财政压力，建议采用政府与市场相结合的方式筹措补偿资金，建立以中央政府补偿为主、地方区域间横向补偿为辅的生态补偿机制。通过引入多元化、市场化因素，调动政府、企业、社会公众等资源为大气污染生态补偿的融资开辟多元化渠道，激励更多的相关主体参与到大气污染治理中。此外，也可发动个人或民间组织，通过购买京津冀生态补偿彩票、向碳基金组织购买碳汇、慈善捐赠、采取低碳生活模式等方式为生态环境建设做贡献。

最后是确立补偿方式。发达地区往往通过进口商品将污染排放转移至欠发达地区。作为补偿主体，前者有较成熟的技术和相对充足的资金，因此其应在排放清单的制定、监测技术、管理措施的实施和执行方

面提供技术支持和资金支持，也可以通过采取技术咨询和人才支援等多种方式为欠发达地区提供资源和经验共享。另外，政府可通过实施生态环境保护税收政策，对京津冀地区内污染较重的企业进行环境税征收，并将所得税收一部分用于支持河北省等地的生态修复项目，包括湿地保护、土壤修复等，以补偿受损的生态环境。

第二节　本章小结

本章针对京津冀地区大气污染提出了以下协同减排策略。首先，确立"源—汇"系统性治理思路：在"源头控制"方面，从生产—消费视角，进行能源结构调整、技术创新、严格排放标准等减少生产端排放，鼓励、引导绿色消费，加强公共交通建设等措施降低产品消费端排放；从产业结构视角，强调能源部门、交通部门、工业部门和居民部门在减排中的重要性，包括提升发电效率、优化能源利用、转变交通出行方式、采取新工艺和技术、改善居民消费结构等；从区域协调视角，针对京津冀区域内部的"同"和"异"，建议通过建立统一减排目标、标准和机制，并在区域内部建立补偿机制，由京津两地对河北进行长期有效的排放补偿。而"末端措施"成本相对更高，效果更低，但通过造林绿化等措施也有助于加快对已排放黑碳的吸收。其次，针对区域间差异建立差异化治理措施：通过加强监管措施，促进不同地区产品排放强度的均衡，提高发展中地区提高监管标准；明确排放责任，通过强调消费者和生产者共同承担责任的重要性，鼓励购买低排放产品，并针对不同地区提出具体措施；推进分散化与多中心化，将单一首都城市中心的发展模式转变为多中心城市群，优化协同发展的空间结构。最后，应完善京津冀跨区域横向生态补偿机制：明确生态补偿主体，清晰界定责任方和受益方；明确补偿标准，建立以中央政府补偿为主、地方区域间横向补偿为辅的生态补偿机制，开辟多元化补偿渠道；确立补偿方式，根据发达地区的经济、技术水平为欠发达地区提供多样化的资金与技术补偿。

第八章

结论与展望

第一节　主要研究结论

本研究以黑碳作为主要研究对象，从多区域跨尺度和府际合作视角出发，通过量化京津冀各地区黑碳传输及其空间分布，深入理解其作用机制与影响效应。首先从机理上分析京津冀协同治霾的关键问题，再探究京津冀协同治霾对策，推动黑碳污染治理由局部治理走向区域一体化治理转型，实现三地共同受益、共担成本、共同发展的长效目标。本研究基于对已有文献的梳理，结合协同治理和生态补偿等理论，基于京津冀虚拟黑碳传输的核算结果，搭建生态补偿管理平台并构建京津冀跨区域横向生态补偿机制。这一机制的设计需要考虑到黑碳在不同区域间传输所带来的环境与经济不平衡。具体而言，研究内容分为以下两个部分。

第一部分，基于多区域跨尺度投入产出模型，探究京津冀各城市之间的贸易关系对黑碳排放和区域间转移的综合影响。黑碳作为大气颗粒物的重要组分，其对环境的影响超过了甲烷，对人体健康会产生很大危害，但在我国尚未受到足够重视，目前所采取的缓解大气污染的措施主要针对 $PM_{2.5}$。因此，本研究将研究视角聚焦于黑碳，刻画京津冀大气污染排放状况。同时，拓展了已有的多区域投入产出模型，构建多区域跨尺度的投入产出模型研究京津冀各地区的虚拟黑碳传输及其空间分布，分析区域间黑碳传输的空间关联及作用机制。基于研究结果，本文提出从多区域跨尺度和府际合作的视角探究京津冀黑碳治理策略。

研究结果表明，（1）隐含黑碳排放系数与经济发展程度呈负相关。河北省隐含黑碳排放系数高于京津冀平均水平，而北京和天津的隐含黑碳排放系数较低。然而，排放系数较高的欠发达地区往往向排放系数较低的发达地区提供污染密集型的商品或服务，这导致京津冀地区黑碳排放总量增加。（2）大气传输与区域间贸易对京津冀黑碳分布的影响呈反向关系。黑碳排放通过省际贸易转移至河北省，而河北省的排放又通过大气运动传输至北京和天津。（3）与全国其他地区相比，京津冀地区整体隐含黑碳排放系数高于全国平均水平，但北京和天津的排放系数低于全国平均值。（4）发达地区通过进口能源密集型商品和服务，将黑碳排放转移给欠发达地区，进一步加剧区域间环境质量的差异，导致京津冀地区总体黑碳排放量增加，这表明当前的供应链模式具有明显的不可持续性。

第二部分，基于环境健康价值评估模型，核算由贸易引发的京津冀地区黑碳转移的生态补偿价值。由于黑碳排放的接收与产生（消费与生产），在不同地区间存在不均衡性，因此生态补偿机制的调节作用显得尤为重要。本研究在量化京津冀区域间黑碳传输及其空间分布的基础上，进一步界定虚拟黑碳传输视角下京津冀地区的生态补偿主体（支付方与受偿方），遵循"按需补偿、统筹协调、补偿明确"的原则，结合虚拟黑碳传输的空间量化数据库，通过多区域投入产出模型和环境健康价值评估模型核算京津冀区域间生态补偿价值。基于虚拟黑碳流动数据库和生态价值核算数据库，综合生态补偿主体和生态补偿方式的设定，搭建生态补偿管理平台。同时，基于黑碳传输及其空间分布的形成机理，科学划分空气污染联合减排区域，准确界定区域减排责任，针对严重污染地域、主要污染产业、关键污染部门，从治理结构、产业升级、消费贸易结构调整等方面提出京津冀黑碳污染协同减排的区域间差异化措施。

研究结果显示，（1）从全国尺度来看，其他地区通过向京津冀地区转移部分能源密集型产品的生产责任来避免本地的黑碳排放，因此京津冀地区应获得相应的生态价值补偿，补偿额度需要综合考虑黑碳转移量以及地区经济发展状况。（2）在京津冀地区内部，北京、保定、邯郸是主要的生态补偿支付方，尤其是北京需要向天津提供最多的生态补偿，而石家庄与唐山也是其主要补偿对象。其余城市均为生态补偿受偿方，主要集中于石家庄、天津、唐山、邢台，不同城市的补偿额度差异较大，例如石家庄需补偿最多，主要因为其经济发展水平较高，在相同健康风险下造成的经济损失更大。（3）生态补偿核算结果显示，京津冀地区的区域发展不均衡带来了大量污染治理成本转移，推动京津冀实现污染治理的协同运作，实施跨区域横向生态补偿，形成成本共担、收益共享的良性互动机制，已成为必然趋势。因此，京津冀地区亟须构建跨区域生态补偿管理平台，明确生态补偿主体、补偿标准与补偿方式，形成完整的生态补偿体系。

第二节　主要创新点

①研究视角：拓展已有的研究视角，从多区域跨尺度、府际合作视角探究京津冀黑碳传输及其治理策略。

目前，关于多区域视角下虚拟黑碳传输的研究较为丰富，但随着京津冀地区贸易关联的增强，如何构建我国省级与京津冀区域尺度的耦合关系，并识别各地经济贸易活动对京津冀黑碳传输的影响，已成为实现京津冀协同发展亟待解决的问题之一。这一研究视角不仅揭示了黑碳传输的空间关联性，还为理解区域污染治理提供了新的思路。因此，本研究从多区域跨尺度视角量化京津冀虚拟黑碳排放在中国-京津冀贸易网络中的空间格局具有较强的创新性。

大气污染具有跨区域传播的特点，要从根本上解决区域性大气污染问题，需要一套有效的跨区域合作治理机制。而京津冀三地政府行政地位的差异造成三地合作的困境，因此如何构建多区域跨尺度的府际合作的大气污染治理结构成为亟待解决的科学问题。本研究基于多区域跨尺度投入产出分析界定京津冀地区生态补偿责任主体，核算生态补偿价值，为实现区际间横向生态补偿机制提供了新视角。

②研究内容：以黑碳气溶胶为主要研究对象来阐释京津冀大气污染排放状况。本研究以黑碳气溶胶为主要研究对象，黑碳是$PM_{2.5}$的重要组成部分，其对环境和人类健康的危害使降低黑碳排放成为当前关注的焦点。但这一指标在我国还未受到足够重视，当前的缓解大气污染的措施主要针对$PM_{2.5}$，而忽略了其中更为重要的组分——黑碳。因此，本研究构建了我国各省区市与京津冀各地区的多尺度耦合关联，识别我国各省区市的经济贸易活动对京津冀黑碳传输的影响，从多区域跨尺度视角量化京津冀虚拟黑碳传输在中国-京津冀的多区域跨尺度网络中的空间格局。

③研究方法：拓展已有的多区域投入产出模型，构建多区域跨尺度投入产出模型。

目前对虚拟黑碳传输的主流研究方法为多区域投入产出方法，如何构建中国-京津冀多区域跨尺度的投入产出分析模型，研究京津冀虚拟黑碳传输仍是当前研究的空白。本研究基于已有的中国多区域投入产出表及其京津冀13个地区的区域间贸易数据，开发中国-京津冀多区域跨尺度投入产出分析模型，基于该投入产出表以系统内各生产性单元为研究对象，建立体现黑碳要素的平衡方程来核算虚拟黑碳排放强度这一基本指标，实现了从自上而下的视角对京津冀各地区的贸易活动所传输的黑碳排放量进行空间关联量化，最终刻画虚拟黑碳传输的空间格局，弥补了现有研究中从中国–京津冀多区域跨尺度视角分析京津冀虚拟黑碳传输的不足。

第三节　研究局限与展望

本研究创新性地选取了相比于 $PM_{2.5}$ 更具识别性的黑碳作为研究对象，分析京津冀各省市之间的贸易关联对区域黑碳排放和转移的综合影响，并基于京津冀区域黑碳传输的空间分布结果，尝试构建区域生态补偿机制，对于京津冀大气污染协同治理具有重要的理论与实践意义。尽管本研究已经初步建立了生态补偿机制的框架，但在具体影响因素的分析方面仍有局限。未来研究可以进一步深入挖掘这些影响因素，并对生态补偿金额进行比较分析。也可进一步完善生态价值补偿核算方法及相关数据参数，以及京津冀生态补偿机制的多元主体参与模式构建等。此外，未来研究可结合最新的区域规划文件，深入研究京津冀地区大气污染协同治理的规律和经验是否可以推广至全国其他城市群。最后，本研究基于虚拟黑碳视角探讨了京津冀大气污染协同减排策略，未来的研究可以进一步探究包括黑碳在内的多种大气污染物的协同治理路径与政策协同。

附录 1 对京津冀温室气体与大气污染物协同减排策略进行了初步探讨。随着我国城镇化和工业化进程的加快，温室气体及大气污染等环境问题所引发的健康威胁和经济损失尤为突出。京津冀地区作为我国北方最发达的经济体，更是我国空气污染的重灾区，石家庄、邯郸、邢台、保定、唐山等多个城市在全国空气质量排名后 10 位。严重、持续的温室气体和大气污染物排放不仅威胁人类健康安全，更成为制约城市发展的一大阻力。鉴于此，2018 年国务院出台《打赢蓝天保卫战三年行动计划》，将京津冀地区划为重点区域范围，强调通过多种手段减少大气污染物排放总量，进一步明显降低 $PM_{2.5}$ 浓度，改善空气环境质量。

而由于温室气体排放与大气污染物排放在驱动机制上具有同根、同源、同步的特征，二者均主要由化石燃料燃烧造成，减少温室气体排放对大气污染控制具有显著的正协同效应，同时，强化区域大气污染防治对减缓全球气候变化也具有明显的促进作用。因此，实施温室气体与大气污染物协同减排是一条重要的政策出路，将有效节约成本、提高治理效率。鉴于此，2018 年最新修订的《大气污染防治法》总则从法律层面上明确了推进温室气体和大气污染物协同减排的重要性和必要性，明确提出对温室气体和大气污染物实行协同控制。而实施温室气体和大气污染物的协同减排应从源头采取统一的整体政策战略，以实现控制空气污染和减缓全球气候变化的"双赢"。

京津冀协同发展是以习近平同志为核心的党中央在新的历史条件下作出的重大决策部署，京津冀协同发展的漫长演化过程中，出现了三地资源配置不均衡、地区发展不平等的现象，进一步加剧了地区生态环境的恶化。因此，京津冀协同体亟须在温室气体减排和大气污染治理的协同治理目标下寻求最优应对策略，明确温室气体和大气污染物排放的相同点和不同点，以此制定温室气体和大气污染物协同减排的共同措施和差异化措施。

完整和精确的温室气体和大气污染物排放数据是研究减碳降霾的基本条件。在当前全球化的背景下，贸易不均衡所引发的一系列区域差异和环境问题受到越来越多的关注。本研究基于消费视角，探究京津冀各省市之间的贸易关联对京津冀温室气体和大气污染物排放和区域间转移的综合影响，精准解析其综合作用机制，从而为温室气体和大气污染物减排提供系统性地全局视角。附录 1 具体从研究目的与协同减排对策两方面进行了详细阐述。

参考文献

一、外文文献

[1] AASHISH S, 2011. Life cycle assessment of buildings: A review [J]. Renewable and Sustainable Energy Reviews, 15: 871-875.

[2] AMBASTHA K, HUSSAIN S A, BADOLA R, 2007. Social and economic considerations in conserving wetlands of indo-gangetic plains: A case study of Kabartal wetland, India [J]. Environmentalist, 27 (2): 261-273.

[3] ANDREW R, FORGIE V, 2008. A three-perspective view of greenhouse gas emission responsibilities in New Zealand [J]. Ecological Economics, 68 (1-2): 194-204.

[4] ANENBERG S C, SCHWARTZ J, SHINDELL D, AMANN M, FALUVEGI G, KLIMONT Z, et al, 2012. Global air quality and health co-benefits of mitigating near-term climate change through methane and black carbon emission controls [J]. Environmental Health Perspectives, 120 (6): 831-839.

[5] BABIKER M H, 2005. Climate change policy, market structure, and carbon leakage [J]. Journal of International Economics, 65 (2): 421-445.

[6] BARMAN N, GOKHALE S, 2019. Urban black carbon-source

apportionment, emissions and long－range transport over the Brahmaputra River Valley [J]. Science of the Total Environment, 693: 133577.

[7] BASTIANONI S, PULSELLI F M, TIEZZI E, 2004. The problem of assigning responsibility for greenhouse gas emissions [J]. Ecological Economics, 49 (3): 253-257.

[8] BOND T C, DOHERTY S J, FAHEY D W, FORSTER P M, BERNTSEN T, DEANGELO B J, ET AL, 2013. Bounding the role of black carbon in the climate system: A scientific assessment [J]. Journal of Geophysical Research: Atmospheres, 118 (11): 5380-5552.

[9] CAI B F, BO X, ZHANG L X, BOYCE J K, ZHANG Y S, LEI Y, 2016. Gearing carbon trading towards environmental co－benefits in China: Measurement model and policy implications [J]. Global Environmental Change, 39: 275-284.

[10] CHEN B, LI J S, CHEN G Q, WEI W D, YANG Q, YAO M T, et al, 2017. China's energy－related mercury emissions: Characteristics, impact of trade and mitigation policies [J]. Journal of Cleaner Production, 141: 1259-1266.

[11] CHEN G Q, HAN M Y, 2015. Global supply chain of arable land use: Production－based and consumption－based trade imbalance [J]. Land Use Policy, 49: 118-130.

[12] CHEN Y J, SHENG G Y, BI X H, FENG Y L, MAI B X, FU Y J, 2005. Emission factors for carbonaceous particles and polycyclic aromatic hydrocarbons from residential coal combustion in China [J]. Environmental Science & Technology, 39 (6): 1861-1867.

[13] CHEN Y, LUO B, XIE S D, 2015. Characteristics of the long－range transport dust events in Chengdu, Southwest China [J]. Atmospheric Environment, 122: 713-722.

[14] CHEUNG C W, HE G, PAN Y, 2020. Mitigating the air pollution effect? The remarkable decline in the pollution-mortality relationship in Hong Kong [J]. Journal of Environmental Economics and Management, 101: 102316.

[15] CHOW J C, WATSON J G, LOWENTHAL D H, SOLOMON P A, MAGLIANO K L, ZIMAN S D, et al, 1992. PM_{10} and $PM_{2.5}$ compositions in California's San Joaquin Valley [J]. Aerosol Science & Technology, 18 (2): 105-128.

[16] CIRIAEY-WANTRUP S V, 1947. Capital returns from soil-conservation practices [J]. American Journal of Agricultural Economics, 29 (3): 1181-1202.

[17] COASE R H, 2013. The problem of social cost [J]. Journal of Law and Economics, 56 (4): 674-872.

[18] COPELAND B R, 1994. International trade and the environment: Policy reform in a polluted small open economy [J]. Journal of Environmental Economics and Management, 26 (1): 44-65.

[19] COSTANZA R, D'ARGE R, GROOT R, FARBER S, GRASSSO M, HANNON B, et al, 1997. The value of the world's ecosystem services and natural capital [J]. Nature, 387: 253-260.

[20] CUPERUS R, CANTERS K J, HAES H, FRIEDMAN D S, 1999. Guidelines for ecological compensation associated with highways [J]. Biological Conservation, 90 (1): 41-51.

[21] DAILY G C, 1997. Nature's services: Societal dependence on natural ecosystems [J]. Island Press, 978-1-55963-476-2.

[22] DAVIS S J, CALDEIRA K, 2010. Consumption-based accounting of CO_2 emissions [J]. Proceedings of the National Academy of Sciences, 107 (12): 5687-5692.

［23］ DAVIS S J, PETERS G P, CALDEIRA K, 2011. The supply chain of CO₂ emissions ［J］. Proceedings of the National Academy of Sciences, 108 (45): 18554-18559.

［24］ DENG G Y, XU Y, 2017. Accounting and structure decomposition analysis of embodied carbon trade: A global perspective ［J］. Energy, 137: 140-151.

［25］ DENG G Y, YIN Y F, REN S L, 2016. The study on the air pollutants embodied in goods for consumption and trade in China—Accounting and structural decomposition analysis ［J］. Journal of Cleaner Production, 135: 332-341.

［26］ DENG Z, KANG P, WANG Z, ZHANG X L, LI W J, OU Y H, et al, 2021. The impact of urbanization and consumption patterns on China's black carbon emissions based on input-output analysis and structural decomposition analysis ［J］. Environmental Science and Pollution Research, 28 (3): 2914-2922.

［27］ DHAKAL S, 2009. Urban energy use and carbon emissions from cities in China and policy implications ［J］. Energy Policy, 37 (11): 4208-4219.

［28］ DU J, MA J M, HUANG T, LIU J F, LIAN L L, TAO S, et al, 2023. Response of Arctic black carbon contamination and climate forcing to global supply chain relocation ［J］. Environmental Science & Technology, 57 (23): 8691-8700.

［29］ DU J, ZHANG X D, HUANG T, LI M Q, GA Z C L, HE H P, et al, 2021. Trade-driven black carbon climate forcing and environmental equality under China's west-east energy transmission ［J］. Journal of Cleaner Production, 313: 127896.

［30］ FANG D, YANG J, 2021. Drivers and critical supply chain paths of black carbon emission: A structural path decomposition [J]. Journal of Environmental Management, 278: 111514.

[31] FENG J J, 2003. Allocating the responsibility of CO_2 over - emissions from the perspectives of benefit principle and ecological deficit [J]. Ecological Economics, 46 (1): 121-141.

[32] FENG K S, DAVIS S J, SUN L X, LI X, GUAN D B, LIU W D, et al, 2013. Outsourcing CO_2 within China [J]. Proceedings of the National Academy of Sciences, 110 (28): 11654-11659.

[33] GALLEGO B, LENZEN M, 2006. A consistent input - output formulation of shared producer and consumer responsibility [J]. Economic Systems Research, 17 (4): 365-391.

[34] GEORGOULIAS A K, BALIS D, KOUKOULI M E, MELET C, BAIS A, ZEREFOS C, 2009. A study of the total atmospheric sulfur dioxide load using ground - based measurements and the satellite derived Sulfur Dioxide Index [J]. Atmospheric Environment, 43 (9): 693-1701.

[35] GILARDONI S, MAURO B D, BONASONI P, 2022. Black carbon, organic carbon, and mineral dust in South American tropical glaciers: A review [J]. Global and Planetary Change, 213: 103837.

[36] GRATSIAS M, LIAKAKOU E, MIHALOPOULOS N, ADAMO-POULOS A, TSILIBARI E, GERASOPOULOS E, 2017. The combined effect of reduced fossil fuel consumption and increasing biomass combustion on Athens' air quality, as inferred from long term CO measurements [J]. Science of the Total Environment, 592 (15): 115-123.

[37] GROSSMAN G M, KRUEGER A B, 1991. Environmental impacts of a North American free trade agreement [J]. National Bureau of Economic Research, 3914.

[38] GUO J E, ZHANG Z K, MENG L, 2012. China's provincial CO_2 emissions embodied in international and interprovincial trade [J]. Energy Policy, 42: 486-497.

[39] HANSEN J, SATO M, RUEDY R, LACIS A, OINAS V, 2000. Global warming in the twenty-first century: An alternative scenario [J]. Proceedings of the National Academy of Sciences, 97 (18): 9875-9880.

[40] HAO Y, LIU Y M, 2016. The influential factors of urban $PM_{2.5}$ concentrations in China: A spatial econometric analysis [J]. Journal of Cleaner Production, 112 (2): 1443-1453.

[41] HARRISON R M, LAXEN D, MOORCROFT S, LAXEN K, 2012. Processes affecting concentrations of fine particulate matter ($PM_{2.5}$) in the UK atmosphere [J]. Atmospheric Environment, 46 (3): 115-124.

[42] HUANG W, LONG E S, WANG J, HUANG R Y, MA L, 2015. Characterizing spatial distribution and temporal variation of PM_{10} and $PM_{2.5}$ mass concentrations in an urban area of Southwest China [J]. Atmospheric Pollution Research, 6 (5): 842-848.

[43] JACK B K, KOUSKY C, SIMS K R E, 2008. Designing payments for ecosystem services: Lessons from previous experience with incentive-based mechanisms [J]. Proceedings of the National Academy of Sciences, 105 (28): 9465-9470.

[44] JAMISON D T, BRENNAN J G, MEASHAM A R, ALLEYNE G, CLAESON M, EVANS D B, et al, 2006. Disease control priorities in developing countries [J]. World Bank Publications, 9780821361801.

[45] JAYADEVAPPA R, CHHATRE S, 2000. International trade and environmental quality: A survey [J]. Ecological Economics, 32 (2): 175-194.

[46] JIA R X, KU H, 2019. Is China's pollution the culprit for the choking of South Korea? Evidence from the Asian dust [J]. The Economic Journal, 129 (624): 3154-3188.

[47] JOHST K, DRECHSLER M, WäTZOLD F, 2002. An ecological-economic modelling procedure to design compensation payments for the efficient spatio – temporal allocation of species protection measures [J]. Ecological Economics, 41 (1): 37-49.

[48] JUTZE G A, GRUBER C W, 2012. Establishment of an inter-community air pollution control program [J]. Journal of the Air Pollution Control Association, 12 (4): 192-194.

[49] KANAYA Y, YAMAJI K, MIYAKAWA T, TAKETANI F, ZHU C, CHOI Y, et al, 2021. Dominance of the residential sector in Chinese black carbon emissions as identified from downwind atmospheric observations during the COVID-19 pandemic [J]. Scientific Reports, 11: 23378.

[50] KANEMOTO K, MORAN D, LENZEN M, GESCHKE A, 2014. International trade undermines national emission reduction targets: New evidence from air pollution [J]. Global Environmental Change, 24 (1): 52-59.

[51] KARAMBELAS A, FIORE A M, WESTERVELT D M, MCNEILL V F, RANDLES C A, VENKATARAMAN C, et al, 2022. Investigating drivers of particulate matter pollution over India and the implications for radiative forcing with GEOS-Chem-TOMAS15 [J]. Journal of Geophysical Research: Atmospheres, 127 (24).

[52] KARSTENSEN J, PETERS G P, ANDREW R M, 2015. Allocation of global temperature change to consumers [J]. Climatic Change, 129 (1): 43-55.

［53］KIRAGU L, GATARI M J, GUSTAFSSON Ö, ANDERSSON A, 2022. Black carbon emissions from traffic contribute substantially to air pollution in Nairobi, Kenya ［J］. Communications Earth & Environment, 3 (1): 1-8.

［54］KIRCHSTETTER T W, HARLEY R A, KREISBERG N M, STOLZENBURG M R, HERING S V, 1999. On-road measurement of fine particle and nitrogen oxide emissions from light - and heavy - duty motor vehicles ［J］. Atmospheric Environment, 33 (18): 2955-2968.

［55］KOLINJIVADI V, ADAMOWSKI J, KOSOY N, 2014. Recasting payments for ecosystem services (PES) in water resource management: A novel institutional approach ［J］. Ecosystem Services, 10: 144-154.

［56］LANDELLMILLS N, PORRAS I T, 2002. Silver bullet or fools' gold? A global review of markets for forest environmental services and their impact on the poor ［J］. Instruments for Sustainable Private Sector Forestry, 9781899825929.

［57］LEI Y, ZHANG Q, HE K B, STREETS D G, 2011. Primary anthropogenic aerosol emission trends for China, 1990 - 2005 ［J］. Atmospheric Chemistry and Physics, 11 (3): 17153-17212.

［58］LENZEN M, MURRAY J, SACK F, WIEDMANN T, 2007. Shared producer and consumer responsibility—Theory and practice ［J］. Ecological Economics, 61 (1): 27-42.

［59］LEONTIEF W W, 1936. Quantitative input and output relations in the economic systems of the United States ［J］. Review of Economics & Statistics, 18 (3): 105-125.

［60］LI G H, BEI N F, CAO J J, WU J R, LONG X, FENG T, et al, 2016. Widespread and persistent ozone pollution in eastern China during the non-winter season of 2015: Observations and source attributions ［J］.

Atmospheric Chemistry and Physics, 17 (4): 1-39.

[61] LI J S, XIA X H, CHEN G Q, ALSAEEDI A, HAYAT T, 2015. Optimal embodied energy abatement strategy for Beijing economy: Based on a three-scale input-output analysis [J]. Renewable & Sustainable Energy Reviews, 53: 1602-1610.

[62] LI S Z, ZHANG X L, DENG Z C, LIU X K, YANG R O, YIN L H, 2023. Identifying the critical supply chains for black carbon and CO_2 in the Sichuan urban agglomeration of Southwest China [J]. Sustainability, 15 (21): 15465.

[63] LIU G, LI J H, WU D, XU H, 2014. Chemical composition and source apportionment of the ambient $PM_{2.5}$ in Hangzhou, China [J]. Particuology, 18 (1): 135-143.

[64] LIU Y J, ZHANG T T, LIU Q Y, ZHANG R J, SUN Z Q, ZHANG M G, 2013. Seasonal variation of physical and chemical properties in TSP, PM_{10} and $PM_{2.5}$ at a roadside site in Beijing and their influence on atmospheric visibility [J]. Aerosol Air Quality Research, 14: 954-969.

[65] LI Y, MENG J, LIU J F, XU Y, GUAN D B, TAO W, et al, 2016. Interprovincial reliance for improving air quality in China: A case study on black carbon aerosol [J]. Environmental Science & Technology, 50 (7): 4118-4126.

[66] LU Y, WANG Q G, ZHANG X H, QIAN Y, QIAN X, 2019. China's black carbon emission from fossil fuel consumption in 2015, 2020, and 2030 [J]. Atmospheric Environment, 212 (1): 201-207.

[67] MARCAZZAN G M, VACCARO S, VALLI G, VECCHI R, 2001. Characterisation of PM_{10} and $PM_{2.5}$ particulate matter in the ambient air of Milan (Italy) [J]. Atmospheric Environment, 35 (27): 4639-4650.

[68] MARQUES A, RODRIGUES J, DOMINGOS T, 2013.

International trade and the geographical separation between income and enabled carbon emissions [J]. Ecological Economics, 89: 162-169.

[69] MA X L, WANG H Q, WEI W X, 2018. The role of emissions trading mechanisms and technological progress in achieving China's regional clean air target: A CGE analysis [J]. Applied Economics, 2 (51): 155-169.

[70] MA Y R, JI Q, FAN Y, 2016. Spatial linkage analysis of the impact of regional economic activities on $PM_{2.5}$ pollution in China [J]. Journal of Cleaner Production, 139: 1157-1167.

[71] MENG J, LIU J F, GUO S, LI J S, LI Z, TAO S, 2016. Trend and driving forces of Beijing's black carbon emissions from sectoral perspectives [J]. Journal of Cleaner Production, 112 (2): 1272-1281.

[72] MENG J, LIU J F, YI K, YANG H Z, GUAN D B, LIU Z, et al, 2018. Origin and radiative forcing of black carbon aerosol: Production and consumption perspectives [J]. Environmental Science & Technology, 52 (11): 6380-6389.

[73] MENG J, MI Z F, YANG H Z, SHAN Y L, GUAN D B, LIU J F, 2017. The consumption - based black carbon emissions of China's megacities [J]. Journal of Cleaner Production, 161: 1275-1282.

[74] MI Z J, MENG D B, GUAN Y L, SHAN M L, SONG Y M, WEI Z, LIU K, LIU K, HUBACEK K, 2017. Chinese CO_2 emission flows have reversed since the global financial crisis [J]. Nature Communication, 8 (1), 1712.

[75] MI Z J, ZHENG L, MENG J, ZHENG H, LI X, COFFMAN D M, WOLTJER J, WANG S Y, GUAN D B, 2019. Carbon emissions of cities from a consumption - based perspective [J]. Applied Energy, 235, 509-518.

[76] MURIOZ P, STEININGER K W, 2010. Austria's CO_2 responsibility and the carbon content of its international trade [J]. Ecological Economics, 69 (10), 2003-2019.

[77] NORGAARD R B, JIN L, 2007. Trade and the governance of ecosystem services [J]. Ecological Economics, 66 (4), 638-652.

[78] OHARA T, AKIMOTO H, KUROKAWA J, HORII N, YAMAJI K, YAN X, HAYASAKA T, 2007. An Asian emission inventory of anthropogenic emission sources for the period 1980-2020 [J]. Atmospheric Chemistry and Physics, 7 (16), 6843-6902.

[79] OWEN A, BROCKWAY P, BRAND-CORREA L, BUNSE L, SAKAI M, BARRETT J, 2017. Energy consumption-based accounts: A comparison of results using different energy extension vectors [J]. Applied Energy, 190, 464-473.

[80] PAN J H, PHILLIPS J, CHEN Y, 2022. China's Balance of Emissions Embodied in Trade: Approaches to Measurement and Allocating International Responsibility [J]. In Political Economy of China's Climate Policy, 9789811687891.

[81] PERMADI D A, OANH N T K, VAUTARD R, 2018. Assessment of emission scenarios for 2030 and impacts of black carbon emission reduction measures on air quality and radiative forcing in Southeast Asia [J]. Atmospheric Chemistry and Physics, 18 (5), 3321-3334.

[82] PETERS G P, 2010. Carbon footprints and embodied carbon at multiple scales [J]. Current Opinion in Environmental Sustainability, 2 (4), 245-250.

[83] PETERS G P, HERTWICH E G, 2008. CO_2 Embodied in International Trade with Implications for Global Climate Policy [J]. Environmental Science & Technology, 42 (5), 1401-1407.

[84] PETERS G P, HERTWICH E G, 2006. Pollution embodied in trade: The Norwegian case [J]. Global Environmental Change, 16 (4), 379-387.

[85] PETERS G P, MINX J C, WEBER C L, EDENHOFER O, 2011. Growth in emission transfers via international trade from 1990 to 2008 [J]. Proceedings of the National Academy of Sciences, 108 (21), 8903-8908.

[86] PORTER M E, 1998. The Competitive Advantage: Creating and Sustaining Superior Performance [J]. Free Press, 592.

[87] RAMANATHAN V, CARMICHAEL G. 2008. Global and regional climate changes due to black carbon [J]. Nature Geoscience, 1 (4), 221-227.

[88] SHAO L, GUAN D, WU Z, WANG P S, CHEN G Q, 2017. Multi-scale input-output analysis of consumption-based water resources: Method and application [J]. Journal of Cleaner Production, 164, 338-346.

[89] SHIRSATH B P, AGGARWAL P K, 2021. Trade-Offs between Agricultural Production, GHG Emissions and Income in a Changing Climate, Technology, and Food Demand Scenario [J]. Sustainability, 13 (6), 3190.

[90] SOMERVILLE M M, JONES J P G, MILNER-GULLAND E J, 2009. A Revised Conceptual Framework for Payments for Environmental Services [J]. Ecology and Society, 14 (2), 34.

[91] STREETS D G, BOND T C, CARMICHAEL G R, FERNANDES S D, FU Q, HE D, KLIMONT Z, NELSON S M, TSAI N Y, WANG M Q, WOO J H, YARBER K F, 2003. An inventory of gaseous and primary aerosol emissions in Asia in the year 2000 [J]. Journal of

Geophysical Research: Atmospheres, 108 (D21)

[92] SUBAK S, 1995. Methane embodied in the international trade of commodities: Implications for global emissions [J]. Global Environmental Change, 5 (5), 433-446.

[93] TACCONI L, 2012. Redefining payments for environmental services [J]. Ecological Economics, 73, 29-36.

[94] THAMBIRAN T, DIAB R D, 2011. Air quality and climate change co-benefits for the industrial sector in Durban, South Africa [J]. Energy Policy, 39 (10), 6658-6666.

[95] TIWAREE R S, IMURA H, 1994. Input-output assessment of energy consumption and carbon dioxide emission in Asia [J]. Environmental Systems Research, 22, 376-382.

[96] VENKATRAMAN C, BRAUER M, TIBREWAL K, SADAVARTE P, MA Q, COHEN A, CHALIYAKUNNEL S, FROSTAD J, KLIMONT Z, MARTIN R V, MILLET D B, PHILIP S, WALKER K, WANG S X, 2018. Source influence on emission pathways and ambient $PM_{2.5}$ pollution over India (2015-2050) [J]. Atmospheric Chemistry and Physics, 18 (11), 8017-8039.

[97] WANG J F, GE X L, CHEN Y F, SHEN Y F, ZHANG Q, SUN Y L, XU J Z, GE S, YU H, CHEN M D, 2016. Highly time-resolved urban aerosol characteristics during springtime in Yangtze River Delta, China: insights from soot particle aerosol mass spectrometry [J]. Atmospheric Chemistry and Physics, 16 (14), 9109-9127.

[98] WANG R, TAO S, BALKANSKI Y, CIAIS P, BOUCHER O, LIU J F, PIAO S L, SHEN H Z, VUOLO M R, VALARI M, CHEN H, CHEN Y C, COZIC A, HUANG Y, LI B G, LI W, SHEN G F, WANG B, ZHANG Y Y, 2023. Exposure to ambient black carbon derived from a

unique inventory and high-resolution model [J]. Proceedings of the National Academy of Sciences, 111 (7), 2459-2463

[99] WANG R, TAO S, SHEN H Z, WANG X L, LI B G, SHEN G F, WANG B, LI W, LIU X P, HUANG Y, ZHANG Y Y, LU Y, OUYANG H L, 2012. Global Emission of Black Carbon from Motor Vehicles from 1960 to 2006 [J]. Environmental Science & Technology, 46 (2), 1278-1284.

[100] WANG R, TAO S, WANG W, LIU J, SHEN H, SHEN G F, WANG B, LIU X P, LI W, HUANG Y, ZHANG Y Y, LU Y, CHEN H, CHEN Y C, WANG C, ZHU D, WANG X L, LI B G, LIU W X, MA J M, 2012. Black Carbon Emissions in China from 1949 to 2050 [J]. Environmental Science & Technology, 46 (14), 7595-7603.

[101] WANG T R, CHEN Y, ZENG L Y, 2022. Spatial-Temporal Evolution Analysis of Carbon Emissions Embodied in Inter-Provincial Trade in China [J]. International Journal of Environmental Research and Public Health, 19 (11), 6794.

[102] WANG W J, KHANNA N, LIN J, LIU X, 2023. Black carbon emissions and reduction potential in China: 2015-2050 [J]. Journal of Environmental Management, 329, 117087

[103] WANG Y G, YIN Q, HU J L, ZHANG H L, 2014. Spatial and temporal variations of six criteria air pollutants in 31 provincial capital cities in China during 2013-2014 [J]. Environment International, 73, 413-422.

[104] WEBER C L, MATTHEWS H S, 2007. Embodied Environmental Emissions in U. S. International Trade [J]. Environmental Science & Technology, 41 (14), 4875-4881.

[105] WEI W X, LI P, WANG H Q, SONG M L, 2018. Quantifying

the effects of air pollution control policies: A case of Shanxi province in China [J]. Atmospheric Pollution Research, 9 (3), 429-438.

[106] WILKINSON P, SMITH K R, DAVIS M, ADAIR H, ARMSTRONG B G, BARRETT M, BRUCE N, HAINES A, HAMILTON I, ORESZCZYN T, RIDLEY I, TONNE C, CHALABI Z, 2009. Public health benefits of strategies to reduce greenhouse-gas emissions: household energy [J]. The Lancet, 374 (9705), 1917-1929.

[107] WÜNSCHER T, ENGEL S, WUNDER S, 2008. Spatial targeting of payments for environmental services: A tool for boosting conservation benefits [J]. Ecological Economics, 65 (4), 822-833.

[108] WU L Y, ZHONG Z Q, LIU C X, WANG Z, 2017. Examining $PM_{2.5}$ Emissions Embodied in China's Supply Chain Using a Multiregional Input-Output Analysis [J]. Sustainability, 9 (5), 727.

[109] WYCKOFF A W, ROOP J M, 1994. The embodiment of carbon in imports of manufactured products: Implications for international agreements on greenhouse gas emissions [J]. Energy Policy, 22 (3), 187-194.

[110] XIE Y, DAI H C, DONG H J, HANAOKA T, MASUI T, 2016. Economic Impacts from $PM_{2.5}$ Pollution-Related Health Effects in China: A Provincial-Level Analysis [J]. Environmental Science & Technology, 50 (9), 4836-4843.

[111] ZHANG N, QIN Y, XIE S D, 2013. Spatial distribution of black carbon emissions in China [J]. Chinese Science Bulletin, 58 (31), 3830-3839.

[112] ZHANG Q, STREETS D G, CARMICHAEL G R, HE K B, HUO H, KANNARI A, KLIMONT Z, PARK I S, REDDY S, FU J S, CHEN D, DUAN L, LEI Y, WANG L T, YAO Z L, 2009. Asian emissions in 2006 for the NASA INTEX-B mission [J]. Atmospheric

Chemistry & Physics Discussions, 9 (14), 5131-5153.

[113] ZHANG W S, LU Z F, XU Y, WANG C, GU Y F, XU H, STREETS D G, 2018. Black carbon emissions from biomass and coal in rural China [J]. Atmospheric Environment, 176, 158-170.

[114] ZHANG Z H, ZHAO Y H, SU B, ZHANG Y F, WANG S, LIU Y, LI H, 2017. Embodied carbon in China's foreign trade: An online SCI-E and SSCI based literature review [J]. Renewable and Sustainable Energy Reviews, 68 (1), 492-510.

[115] ZHAO H H, CHEN H W, FANG Y, SONG A, 2022. Transfer Characteristics of Embodied Carbon Emissions in Export Trade—Evidence from China [J]. Sustainability, 14 (13), 8034.

[116] ZHAO H Y, LI X, ZHANG Q, JIANG X J, LIN J T, PETERS G P, LI M, GENG G N, ZHENG B, HUO H, ZHANG L, WANG H K, DAVIS S J, HE K B, 2017. Effects of atmospheric transport and trade on air pollution mortality in China [J]. Atmospheric Chemistry and Physics, 17 (17), 1-23.

[117] ZHAO H Y, ZHANG Q, GUAN D B, DAVIS S J, LIU Z, HUO H, LIN J T, LIU W D, HE K B, 2015. Assessment of China's virtual air pollution transport embodied in trade by using a consumption-based emission inventory [J]. Atmospheric Chemistry and Physics, 15 (10), 5443-5456.

[118] ZHAO M Y, NING Y D, BAI S H, ZHANG B Y, 2024. Embodied Carbon Transfer in China's Bilateral Trade with Belt and Road Countries from the Perspective of Global Value Chains [J]. Energies, 17 (4), 969.

[119] ZHAO S P, YU Y, YIN D Y, HE J J, LIU N, QU J J, XIAO J H, 2016. Annual and diurnal variations of gaseous and particulate

pollutants in 31 provincial capital cities based on in situ air quality monitoring data from China National Environmental Monitoring Center ［J］. Environment International, 86, 92-106.

［120］ZHENG H, ZHANG Z Y, ZHANG Z K, LI X, SHAN Y L, SONG M L, MI Z F, MENG J, OU J M, GUAN D B, 2019. Mapping Carbon and Water Networks in the North China Urban Agglomeration ［J］. One Earth, 1 (1), 126-137.

［121］ZHU K, LIU Q C, XIONG X, ZHANG Y, WANG M, LIU H, 2022. Carbon footprint and embodied carbon emission transfer network obtained using the multi－regional input－output model and social network analysis method：A case of the Hanjiang River basin, China ［J］. Frontiers in Ecology and Evolution, 10.

二、中文文献

［1］白洋，刘晓源 .2013. "雾霾"成因的深层法律思考及防治对策 ［J］. 中国地质大学学报（社会科学版），13 (6)：27-33.

［2］别同，韩立建，何亮，田淑芳，周伟奇，李伟峰，钱雨果 .2018. 城市空气污染对周边区域空气质量的影响 ［J］. 生态学报，38 (12)：4268-4275.

［3］蔡海亚，徐盈之 .2018. 产业协同集聚贸易开放与雾霾污染 ［J］. 中国人口·资源与环境，28 (6)：93-102.

［4］蔡运龙，霍雅勤 .2006. 中国耕地价值重建方法与案例研究 ［J］. 地理学报，61 (10)：1084-1092.

［5］陈德敏，董正爱 .2010. 主体利益调整与流域生态补偿机制——省际协调的决策模式与法规范基础 ［J］. 西安交通大学学报（社会科学版），32 (2)：66-71.

［6］陈桂生 .2019. 大气污染治理的府际协同问题研究——以京津

冀地区为例 [J]. 中州学刊，3：82-86.

[7] 陈红敏. 2009. 包含工业生产过程碳排放的产业部门隐含碳研究 [J]. 中国人口·资源与环境，19（3）：25-30.

[8] 陈梦婕. 2016. 雾霾治理的法律对策研究 [D]. 中央民族大学.

[9] 陈瑞莲，胡熠. 2005. 我国流域区际生态补偿：依据、模式与机制 [J]. 学术研究，9：71-74.

[10] 陈诗一，张云. 2003. 区域经济理论 [M]. 北京：商务印书馆.

[11] 陈诗一，张云，武英涛. 2018. 区域雾霾联防联控治理的现实困境与政策优化——雾霾差异化成因视角下的方案改进 [J]. 中共中央党校学报，22（6）：109-118.

[12] 陈源泉，高旺盛. 2009. 中国粮食主产区农田生态服务价值总体评价 [J]. 中国农业资源与区划，30（1）：33-39.

[13] 陈子韬，李俊，吴建南. 2022. 区域政府间协同如何发生？——汾渭平原大气污染防治的案例研究 [J]. 公共管理与政策评论，11（6）：23-35.

[14] 程进. 2024. 长三角区域大气污染协同治理网络结构及影响因素研究 [J]. 长江流域资源与环境，33（7）：1529-1539..

[15] 程麟钧，王帅，宫正宇，杨琦，王业耀. 2017. 京津冀区域臭氧污染趋势及时空分布特征 [J]. 中国环境监测，33（1）：14-21.

[16] 代双杰. 2014. 浅析欧美国家大气污染治理的经济激励政策 [J]. 法制与社会，13：104-105.

[17] 戴育琴，冯中朝，李谷成. 2007. 基于区域外部性的城市群协调发展 [J]. 经济地理，3：463-466，475.

[18] 戴育琴，冯中朝，李谷成. 2016. 中国农产品出口贸易隐含碳排放测算及结构分析 [J]. 中国科技论坛，1：137-143.

[19] 邓中慈，康平，张小玲. 2021. 中国区域黑碳排放的关键供应

链路径分析［C］∥中国环境科学学会.第二十五届大气污染防治技术研讨会论文集.成都：成都信息工程大学大气科学学院，高原大气与环境四川省重点实验室：1.

［20］丁浩，张晋，刘建林，张惠，唐川东，刘毅，郝艳茹，桂东伟.2023.基于投入产出分析的广东贸易隐含碳排放研究［J］.环境化学，2023，42（1）：231-240.

［21］杜纯布.2017.论雾霾治理生态补偿机制建立的理论依据［J］.区域经济评论，5：130-134.

［22］杜娇.2024.区域间贸易活动隐含黑碳排放转移及环境气候影响［D］.兰州大学.

［23］樊鹏飞，梁流涛，许明军，张思远.2018.基于虚拟耕地流动视角的省际耕地生态补偿研究［J］.中国人口资源与环境，28（1）：91-101.

［24］方丹.2014.重庆市耕地生态补偿研究［D］.西南大学.

［25］封艺.2021.中国未来黑碳排放的气候效应及其敏感性研究［D］.南京大学.

［26］冯辰龙，邢建伟，袁华茂，宋金明，李学刚，马骏.2023.近20年中国近海和海岸带大气黑碳干湿沉降及源解析［J］.海洋科学，47（2）：71-85.

［27］冯冬.2022.京津冀城市群碳排放：效率、影响因素及协同减排效应［D］.天津大学.

［28］冯贵霞.2016.中国大气污染防治政策变迁的逻辑——基于政策网络的视角［D］.山东大学.

［29］关佳欣，李成才.2010.我国中、东部主要地区气溶胶光学厚度的分布和变化［J］.北京大学学报（自然科学版），46（2）：185，191.

［30］韩佳昊，张琪，沈玲玲.2021.基于EEMD方法的区域降水

事件特征分析——以京津冀地区为例［J］.长江科学院院报，38（7）：29-35.

［31］韩爽.2022.中美贸易隐含碳排放的规模测算及影响因素分析［D］.东北财经大学.

［32］韩玉晶.2023.中国与RCEP成员国贸易隐含碳排放与转移研究［D］.东南财经大学.

［33］何伟，张文杰，王淑兰，柴发合，李慧，张敬巧，王涵，胡君.2019.京津冀地区大气污染联防联控机制实施效果及完善建议［J］.环境科学研究，32（10）：1696-1703.

［34］洪尚群，马丕京，郭慧光.2001.生态补偿制度的探索［J］.环境科学与技术，5：40-43.

［35］胡小飞，邹妍，傅春.2017.基于碳足迹的江西生态补偿标准时空格局［J］.应用生态学报，28（2）：493-499.

［36］胡志高，李光勤，曹建华.2019.环境规制视角下的区域大气污染联合治理——分区方案设计、协同状态评价及影响因素分［J］.中国工业经济，5：24-42.

［37］扈涛，王文治.2017.中国对外贸易隐含碳排放的测算与分解［J］.生态经济，33（7）：37-41，46.

［38］黄德生，谢旭轩，穆泉，张世秋.2012.环境健康价值评估中的年龄效应研究［J］.中国人口·资源与环境，22（8）：63-70.

［39］黄杰，罗艳丽.2017.京津冀生态补偿的问题与对策研究［J］.河北科技大学学报（社会科学版），17（4）：27-32.

［40］黄文彦，沈新勇，王勇，黄明策.2015.亚洲地区碳气溶胶的时空特征及其直接气候效应［J］.大气科学学报，38（4）：448-457.

［41］贾璐宇，王艳华，王克，邹骥.2020.大气污染防治措施二氧化碳协同减排效果评估［J］.环境保护科学，46（6）：19-26.

［42］姜渊.2017.大气污染防治法的法律模式探析——从不法惩罚

到环境质量目标［J］. 北京林业大学学报（社会科学版），16（2）：34-42.

［43］蒋雪梅，郑可馨. 2019. 京津冀地区间贸易隐含碳排放转移研究［J］. 地域研究与开发，6：126-130.

［44］焦文慧，张勃，马彬，崔艳强，邢立亭，王晓丹，黄浩. 2021. 近58年华北地区初、终霜日及无霜期变化特征分析［J］. 高原气象，40（2）：343-352.

［45］金波. 2010. 区域生态补偿机制研究［D］. 北京林业大学.

［46］荆赛. 2020. 基于生态系统服务价值和生态足迹的京津冀生态补偿标准量化研究［D］. 河北大学.

［47］兰天，韩玉晶. 2022. 中国对外贸易隐含碳排放及省际转移研究——基于环境投入产出模型的分析框架［J］. 中南大学学报，28（4）：94-106.

［48］李名升，张建辉，张殷俊，周磊，李茜，陈远航. 2013. 近10年中国大气PM_{10}污染时空格局演变［J］. 地理学报，68（11）：1504-1512.

［49］李倩，陈晓光，郭士祺，郁芸君. 2022. 大气污染协同治理的理论机制与经验证据［J］. 经济研究，57（2）：142-157.

［50］李舒惠，曹闪闪，杨依，程丹阳，樊林平，刘敏. 2023. 长三角地区2000—2019年黑碳排放核算及其不确定性［J］. 地球环境学报，14（1）：86-97，109.

［51］李文华，李芬，李世东，刘某承. 2006. 森林生态效益补偿的研究现状与展望［J］. 自然资源学报，21（5）：677-688.

［52］李向东. 2019. 京津冀流域生态补偿模式反思与重塑［J］. 法制与社会，30：132-135.

［53］李晓光，苗鸿，郑华，欧阳志云. 2009. 生态补偿标准确定的主要方法及其应用［J］. 生态学报，29（8）：4431-4440.

[54] 李英，于家琪 . 2017. 论我国雾霾治理的法律法规的完善 [J]. 华北电力大学学报（社会科学版），2：1-7.

[55] 刘东林 . 2003. 森林生态效益补偿研究的现状及趋势 [J]. 吉林林业科技，32（1）：22-25.

[56] 刘海猛，方创琳，黄解军，朱向东，周艺，王振波，张蔷 . 2018. 京津冀城市群大气污染的时空特征与影响因素解析 [J]. 地理学报，73（1）：177-191.

[57] 刘红光，范晓梅 . 2014. 中国区域间隐含碳排放转移 [J]. 生态学报，11：3016-3024.

[58] 刘华军，雷名雨 . 2018. 中国雾霾污染区域协同治理困境及其破解思路 [J]. 中国人口·资源与环境，28（10）：88-95.

[59] 刘胜强，毛显强，胡涛，曾桉，邢有凯，田春秀，李丽平 . 2012. 中国钢铁行业大气污染与温室气体协同控制路径研究 [J]. 环境科学与技术，7：174-180.

[60] 陆铭，陈钊，严冀 . 2004. 收益递增、发展战略与区域经济的分割 [J]. 经济研究，1：54-63.

[61] 路景兰 . 2013. 论我国耕地的生态补偿制度 [D]. 中国地质大学（北京）.

[62] 吕鸣伦，刘卫国 . 1998. 区域可持续发展的理论探讨 [J]. 地理研究，2：20-26.

[63] 罗胜 . 2016. 中国省域碳排放核算与责任分摊研究 [J]. 上海经济研究，4：45-53.

[64] 马爱慧，蔡银莺，张安录 . 2011. 耕地生态补偿实践与研究进展 [J]. 生态学报，8：2321-2330.

[65] 马国顺，赵倩 . 2014. 雾霾现象产生及治理的演化博弈分析 [J]. 生态经济，30（8）：169-172.

[66] 马佳腾 . 2018. 环境正义视角下京津冀横向生态补偿机制研究

[D]. 河北大学.

[67] 马丽梅, 张晓. 2014. 中国雾霾污染的空间效应及经济、能源结构影响 [J]. 中国工业经济, 4: 19-31.

[68] 马述忠, 陈颖. 2010. 进出口贸易对中国隐含碳排放量的影响: 2000—2009 年——基于国内消费视角的单区域投入产出模型分析 [J]. 财贸经济, 12: 82-89.

[69] 马文博. 2013. 利益平衡视角下耕地保护经济补偿机制研究 [D]. 西北农林科技大学.

[70] 马晓君, 董碧滢, 于渊博, 王常欣, 杨倩. 2018. 东北三省能源消费碳排放测度及影响因素 [J]. 中国环境科学, 38 (8): 3170-3179.

[71] 毛德华, 胡光伟, 刘慧杰, 李正最, 李志龙, 谭子芳. 2014. 基于能值分析的洞庭湖区退田还湖生态补偿标准 [J]. 应用生态学报, 25 (2): 525-532.

[72] 毛显强, 钟瑜, 张胜. 2002. 生态补偿的理论探讨 [J]. 中国人口·资源与环境, 2 (4): 40-43.

[73] 孟晓艳, 张霞, 侯玉婧, 李婧妍, 贾国山, 叶春霞, 宫正宇. 2018. 2013—2017 年京津冀区域 $PM_{2.5}$ 浓度变化特征 [J]. 中国环境监测, 34 (5): 5-11.

[74] 倪红福, 李善同, 何建武. 2012. 贸易隐含 CO_2 测算及影响因素的结构分解分析 [J]. 环境科学研究, 1 (1): 103-108.

[75] 牛文元. 2012. 中国可持续发展的理论与实践 [J]. 中国科学院院刊, 27 (3): 280-289.

[76] 庞军, 石媛昌, 李梓瑄, 张浚哲. 2017. 基于 MRIO 模型的京津冀地区贸易隐含污染转移 [J]. 中国环境科学, 37 (8): 3190-3200.

[77] 庞军, 石媛昌, 谢希, 高笑默. 2015. 基于 MRIO 模型的中美欧日贸易隐含碳特点对比分析 [J]. 气候变化研究进展, 11 (3):

212-219.

[78] 彭嘉颖.2019.跨域大气污染协同治理政策量化研究——以成渝城市群为例 [D]. 电子科技大学.

[79] 彭湃.2019.雾霾治理中政府的环境法律责任研究 [D]. 广西师范大学.

[80] 彭水军,张文城,孙传旺.2015.中国生产侧和消费侧碳排放量测算及影响因素研究 [J]. 经济研究,50(1):168-182.

[81] 彭水军,张文城,卫瑞.2016.碳排放的国家责任核算方案 [J]. 经济研究,51(3):137-150.

[82] 彭文英,王瑞娟,刘丹丹.2020.城市群区际生态贡献与生态补偿研究 [J]. 地理科学,40(6):980-988.

[83] 齐晔,李惠民,徐明.2008.中国进出口贸易中的隐含碳估算 [J]. 中国人口·资源与环境,3:8-13.

[84] 钱敏.2023.省际间贸易隐含碳排放的影响因素与脱钩分析——以中部六省为例 [D]. 江西财经大学.

[85] 屈超,陈甜.2016.中国2030年碳排放强度减排潜力测算 [J]. 中国人口·资源与环境,26(7):62-69.

[86] 任丙强,冯琨.2023.京津冀大气污染协同治理特征、困境与对策——基于MSAF分析框架的探讨 [J]. 学习论坛,2:65-73.

[87] 任勇,冯东方,俞海.2008.中国生态补偿理论与政策框架设计 [M]. 北京:中国环境科学出版社.

[88] 荣硕.2017.京津冀一体化进程中大气治理协调机制研究 [D]. 燕山大学.

[89] 商伟.2019.中国对外贸易隐含碳排放研究 [D]. 河北大学.

[90] 邵帅,李欣,曹建华.2019.中国的城市化推进与雾霾治理 [J]. 经济研究,54(2):148-165.

[91] 石敏俊,王妍,张卓颖,周新.2012.中国各省区碳足迹与碳

排放空间转移 [J]. 地理学报, 67 (10): 1327-1338.

[92] 宋马林, 金培振. 2012. 地方保护、资源错配与环境福利绩效 [J]. 经济研究, 51 (12): 47-61.

[93] 苏黎馨, 冯长春. 2019. 京津冀区域协同治理与国外大都市区比较研究 [J]. 地理科学进展, 38 (1): 15-25.

[94] 孙静, 马海涛, 王红梅. 2019. 财政分权、政策协同与大气污染治理效率——基于京津冀及周边地区城市群面板数据分析 [J]. 中国软科学, 8: 154-165.

[95] 锁利铭, 李雪. 2021. 从"单一边界"到"多重边界"的区域公共事务治理——基于对长三角大气污染防治合作的观察 [J]. 中国行政管理, 2: 92-100.

[96] 唐志鹏, 刘卫东, 公丕萍. 2021. 出口对中国区域碳排放影响的空间效应测度——基于 1997—2007 年区域间投入产出表的实证分析 [J]. 地理学报, 69 (10): 1403-1413.

[97] 王灿, 邓红梅, 郭凯迪, 刘源. 2020. 温室气体和空气污染物协同治理研究展望 [J]. 中国环境管理, 12 (4): 5-12.

[98] 王超奕. 2018. "打赢蓝天保卫战"与大气污染的区域联防联治机制创新 [J]. 改革, 1: 61-64.

[99] 王超, 张霖琳, 刀谞, 吕怡兵, 滕恩江, 李国刚. 2015. 京津冀地区城市空气颗粒物中多环芳烃的污染特征及来源 [J]. 中国环境科学, 35 (1): 1-6.

[100] 王国栋, 王焰新, 涂建峰. 2012. 南水北调中线工程水源区生态补偿机制研究 [J]. 人民长江, 43 (21): 89-93.

[101] 王金南, 宁淼, 孙亚梅. 2012. 区域大气污染联防联控的理论与方法分析 [J]. 环境与可持续发展, 37 (5): 5-10.

[102] 王立平, 陈飞龙, 杨然. 2018. 京津冀地区雾霾污染生态补偿标准研究 [J]. 环境科学学报, 38 (6): 2518-2524.

[103] 王宁静，魏巍贤. 2019. 中国大气污染治理绩效及其对世界减排的贡献 [J]. 中国人口·资源与环境，29（9）：22-29.

[104] 王青云. 2008. 关于我国建立生态补偿机制的思考 [J]. 宏观经济研究，7：11-15.

[105] 王书冰，吴云龙，向亮，牛树倩. 2014. 1982～2010 年京津冀地区气候背景与变化特征分析 [J]. 气候变化研究快报，3（4）：185-194.

[106] 王文治，陆建明. 2016. 中国对外贸易隐含碳排放余额的测算与责任分担 [J]. 统计研究，33（8）：12-20.

[107] 王喜莲，金青. 2021. 碳中和背景下中国贸易隐含碳排放及责任分担 [J]. 环境科学与技术，44（11）：205-210.

[108] 王兴杰，张骞之，刘晓雯，温武军. 2010. 生态补偿的概念、标准及政府的作用——基于人类活动对生态系统作用类型分析 [J]. 中国人口·资源与环境，20（5）：41-50.

[109] 王雅敬，谢炳庚，李晓青，廖洪英，王金艳. 2016. 公益林保护区生态补偿标准与补偿方式 [J]. 应用生态学报，27（6）：1893-1900.

[110] 王彦芳，刘敏，郭英. 2018. 1982—2015 年河北省生态环境支撑区植被覆盖动态及其可持续性 [J]. 林业资源管理，1：117-125.

[111] 王昱. 2009. 区域生态补偿的基础理论与实践问题研究 [D]. 东北师范大学.

[112] 王振波，方创琳，许光，潘月鹏. 2015. 2014 年中国城市 $PM_{2.5}$ 浓度的时空变化规律 [J]. 地理学报，70（11）：1720-1734.

[113] 王志立，张华，郭品文. 2009. 南亚地区黑碳气溶胶对亚洲夏季风的影响 [J]. 高原气象，28（2）：419-424.

[114] 魏娜，孟庆国. 2018. 大气污染跨域协同治理的机制考察与制度逻辑——基于京津冀的协同实践 [J]. 中国软科学，10：79-92.

[115] 魏娜，赵成根.2016.跨区域大气污染协同治理研究——以京津冀地区为例 [J].河北学刊，36（1）：144-149.

[116] 魏巍贤，马喜立.2015.能源结构调整与雾霾治理的最优政策选择 [J].中国人口·资源与环境，25（7）：6-14.

[117] 魏巍贤，王月红.2017.跨界大气污染治理体系和政策措施——欧洲经验及对中国的启示 [J].中国人口·资源与环境，27（9）：6-14.

[118] 吴乐英，钟章奇，刘昌新，王铮.2017.中国省区间贸易隐含 $PM_{2.5}$ 的测算及其空间转移特征 [J].地理学报，72（2）：292-302.

[119] 肖富群，蒙常胜.2022.京津冀大气污染区域协同治理中的利益冲突影响机理及协调机制——基于多案例的比较分析 [J].中国行政管理，12：26-32.

[120] 谢宝剑，陈瑞莲.2014.国家治理视野下的大气污染区域联动防治体系研究——以京津冀为例 [J].中国行政管理，9：6-10.

[121] 谢高地，鲁春霞，成升魁.2001.全球生态系统服务价值评估研究进展 [J].资源科学，23（6）：2-9.

[122] 谢元博，李巍.2013.基于能源消费情景模拟的北京市主要大气污染物和温室气体协同减排研究 [J].环境科学，34（5）：2057-2064.

[123] 谢洲亚.2023.跨域大气污染的协同治理研究——基于中美区域的比较 [D].华东政法大学.

[124] 熊鹰，王克林，蓝万炼，齐恒.2004.洞庭湖区湿地恢复的生态补偿效应评估 [J].地理学报，59（5）：772-780.

[125] 薛俭，谢婉林，李常敏.2014.京津冀大气污染治理省际合作博弈模型 [J].系统工程理论与实践，34（3）：810-816.

[126] 薛婕，罗宏，吕连宏，赵娟，王晓.2012.中国主要大气污染物和温室气体的排放特征与关联性 [J].资源科学，34（8）：1452-

1460.

[127] 闫云凤.2014. 消费碳排放责任与中国区域间碳转移——基于 MRIO 模型的评估 [J]. 工业技术经济, 33 (8): 91-98.

[128] 闫云凤, 赵忠秀, 王苒.2013. 基于 MRIO 模型的中国对外贸易隐含碳及排放责任研究 [J]. 世界经济研究, 6: 54-58, 86, 88-89.

[129] 杨文杰.2020. 京津冀区域生态补偿总值量化方法及其应用管理研究 [D]. 北京林业大学.

[130] 杨欣, 蔡银莺.2012. 农田生态补偿方式的选择及市场运作——基于武汉市 383 户农户问卷的实证研究 [J]. 长江流域资源与环境, 5: 591-596.

[131] 杨欣, 蔡银莺, 张安录.2017. 农田生态补偿理论研究进展评述 [J]. 生态与农村环境学报, 33 (2): 104-113.

[132] 姚亮, 刘晶茹, 王如松, 尹科.2013. 基于多区域投入产出 (MRIO) 的中国区域居民消费碳足迹分析 [J]. 环境科学学报, 33 (7): 2050-2058.

[133] 姚青, 郝天依, 蔡子颖, 王晓佳, 韩素芹.2020. 天津黑碳气溶胶潜在来源分析与健康风险评估 [J]. 中国环境科学, 40 (12): 5221-5228.

[134] 叶思晴, 陈圆圆, 方双喜, 张晓华, 鲁嫣冉, 兰文港, 臧昆鹏, 周民锋, 林溢, 刘硕, 郭娜.2024. 苏州市大气 CO_2 和 CH4 的浓度变化特征及影响因素分析 [J]. 环境科学学报, 1-15.

[135] 俞海, 任勇.2007. 流域生态补偿机制的关键问题分析——以南水北调中线水源涵养区为例 [J]. 资源科学, 29 (2): 28-33.

[136] 俞文华.1997. 发达与欠发达地区耕地保护行为中的利益机制分析 [J]. 中国人口·资源与环境, 4: 22-27.

[137] 苑清敏, 张枭, 李健.2017. 京津冀协同发展背景下合作生

态补偿量化研究 [J]. 干旱区资源与环境, 31 (8): 50-55.

[138] 曾静, 廖晓兰, 任玉芬, 张菊, 王效科, 欧阳志云. 2010. 奥运期间北京 $PM_{2.5}$、NOX、CO 的动态特征及影响因素 [J]. 生态学报, 30 (22): 6227-6233.

[139] 张贵, 王树强, 刘沙, 贾尚键. 2014. 基于产业对接与转移的京津冀协同发展研究 [J]. 经济与管理, 28 (4): 14-20.

[140] 张菊, 苗鸿, 欧阳志云, 王效科. 2006. 近 20 年北京市城近郊区环境空气质量变化及其影响因素分析 [J]. 环境科学学报, 26 (11): 1886-1892.

[141] 张同斌, 张琦, 范庆泉. 2017. 政府环境规制下的企业治理动机与公众参与外部性研究 [J]. 中国人口·资源与环境, 27 (2): 36-43.

[142] 张晓平. 2009. 中国对外贸易产生的 CO_2 排放区位转移分析 [J]. 地理学报, 2: 234-242.

[143] 章锦河, 张捷, 梁玥琳, 李娜, 刘泽华. 2005. 九寨沟旅游生态足迹与生态补偿分析 [J]. 自然资源学报, 20 (5): 735-744.

[144] 章铮. 1996. 边际机会成本定价——自然资源定价的理论框架 [J]. 自然资源学报, 2: 107-112.

[145] 赵翠薇, 王世杰. 2010. 生态补偿效益、标准——国际经验及对我国的启示 [J]. 地理研究, 29 (4): 597-606.

[146] 赵辉, 郑有飞, 张誉馨, 王占山. 2020. 京津冀大气污染的时空分布与人口暴露 [J]. 环境科学学报, 40 (1): 1-12.

[147] 赵敏, 程维明, 黄坤, 王楠, 刘樯漪. 2016. 基于地貌类型单元的京津冀近 10a 土地覆被变化研究 [J]. 自然资源学报, 31 (2): 252-264.

[148] 赵倩彪, 胡鸣, 张懿华. 2014. 利用后向轨迹模式研究上海

市 $PM_{2.5}$ 来源分布及传输特征 [J]. 环境监测管理与技术，26（4）：24-26.

[149] 赵新峰，袁宗威.2014. 京津冀区域政府间大气污染治理政策协调问题研究 [J]. 中国行政管理，11：18-23

[150] 郑郊.2021. 跨县域大气污染防控的协同治理问题与对策研究——以 J 市为例 [D]. 山东科技大学.

[151] 周平尔.2024. 大气污染区域协同治理激励机制与监管政策研究——以长三角地区为例 [D]. 浙江财经大学.

[152] 周思立，孟靖，魏文栋，李佳硕.2018. 黑碳跨区域转移及其治理策略研究——基于 MRIO 和 WRF/Chem 模型 [J]. 环境经济研究，3（4）：110-125.

[153] 周雨.2024. 中国地区黑碳气溶胶物理特性研究 [D]. 南京信息工程大学.

[154] 庄国泰，高鹏，王学军.1995. 中国生态环境补偿费的理论与实践 [J]. 中国环境科学，6：413-418.

附　录

附件一：京津冀温室气体与大气污染物协同减排策略

一、研究目的

1. 研究背景

京津冀地区作为我国北方经济规模最大、发展活力最强的地区，经济快速发展以及城市一体化进程的加快导致了该地区空气污染排放高度集中，温室效应和雾霾成为当前京津冀面临的最为突出的两大空气问题。

温室效应的不断加剧对全球的生态环境、人类的健康生存和社会的稳定发展产生了巨大威胁。温室效应的强弱与大气中温室气体的浓度密切相关，世界资源研究所的数据表明，CO_2排放增量占温室气体排放增量超过85%，全球温室效应不断加剧的最主要贡献源于CO_2浓度的日趋升高。缓解温室效应最直接的办法就是减少温室气体的排放，而其中最主要的就是减少CO_2的排放。2014年11月，习总书记出席巴黎世界气候大会，并签署《巴黎协定》，向国际承诺中国的碳减排目标。2016年国家"十三五"规划纲要出台，强调要积极应对全球气候变化，有效控制温室气体排放。随后，国家又出台了《"十三五"控制温室气体排放工作方案》，明确了到 2020 年国家和地方的碳排放控制目标，全国和京津冀地区碳排放强度要比 2015 年分别下降 18% 和 20.5%。

雾霾对于城市的危害是多层次的，不仅对人类的健康安全产生威胁，还会影响城市各项社会生产活动的正常运转，进而制约城市发展。京津冀作为我国空气污染的重灾区，石家庄、邯郸、邢台、保定、唐山等多个城市位列我国空气质量排名后 10 位，雾霾污染已成为京津冀各地区经济和社会发展必须解决的关键性问题。2018 年国务院出台《打赢蓝天保卫战三年行动计划》，将京津冀地区划为重点区域范围，强调要通过多种手段大幅减少大气污染物排放总量，进一步明显降低 $PM_{2.5}$ 浓度，改善空气环境质量。以往政府对雾霾的治理措施主要聚焦于 $PM_{2.5}$，缺少对其内部组成成分的关注。黑碳是 $PM_{2.5}$ 的重要组成部分，是 $PM_{2.5}$ 中数量最多、危害最大的污染物，对雾霾的形成具有重要影响。因此，从构成物质的源头来看，治理雾霾最终需要落脚于对黑碳的控制。

而由于温室气体排放与大气污染物排放在驱动机制上具有同根、同源、同步的特征，二者主要由化石燃料燃烧造成，减少温室气体排放对大气污染控制具有显著的正协同效应，同时，强化区域大气污染防治，对减缓全球气候变化也具有明显的促进作用。在源头对象的政策管控上两者本应密切相关，也应采取相对统一而非分离的整体政策战略，以实现控制空气污染和减缓全球气候变化的"双赢"。因此，减少温室气体与大气污染物的排放在行动上具有一致性，实现二者的协同减排具备理论可行性和实践可操作性。

2. 研究意义

京津冀协同发展是以习近平同志为核心的党中央在新的历史条件下作出的重大决策部署，京津冀协同发展是一个长期的演化过程，也是一个漫长的博弈过程，在三地发展主体利益协调中，出现了资源配置不均衡等现象。而地区发展不平衡会加剧生态环境的恶化，迫切需要寻求在碳减排和大气污染治理等多目标约束下的最优应对策略。实施温室气体与大气污染物协同减排可以获得 1+1>2 的协同效应，能够有效节约成本、提高治理效率，是一条重要的政策出路。在 2018 年最新修订的《大气污染防治法》总则中，明确提出要对温室气体和大气污染物实行协同控制。该条例从法律层面上明确了推进温室气体和大气污染物协同减排的重要性和必要性。在具体的碳减排和大气污染治理过程中，明确温室气体和大气污染物排放的相同点和不同点，并以此制定协同减排的共同措施和差异化措施具有重要意义。

完整和精确的温室气体和大气污染物排放数据是研究减碳降霾的基本条件。尤其是在全球化背景下，贸易不均衡引起的一系列环境问题受到越来越多的关注。京津冀一体化增加了京津冀各省市的贸易关联，而贸易对京津冀温室气体和大气污染物排放的影响还属于未被完全探究的领域。京津冀各省市之间是否存在温室气体和大气污染物排放转移？转移的机制和路径为何？温室气体与大气污染物排放的综合作用机制又是什么？目前，尚没有研究对这一系列问题给出明确答案。本研究旨在精准解析其综合作用机制，可以为温室气体和大气污染物减排提供一个系统性地全局视角，是对已有的生产者视角的减排措施的重要补充。

3. 国内外研究现状

（1）温室气体和大气污染排放研究

当前，温室气体和大气污染排放的研究主要是基于生产和消费两大视角。从生产视角探究温室气体和大气污染物排放的研究主要包括基于空间统计技术计算污染物的空间分布及演变特征，基于空气质量模型模拟污染物的跨界传输机制，基于计量经济学探究其排放的成因及影响。王振波等（2015）基于城市监测站的观测数据，揭示了中国 $PM_{2.5}$ 的时空分布格局，结果发现京津冀城市群是全年污染核心区。王超等（2015）探究了京津冀空气污染物的来源及特性。Wang 等（2015）基于明确的示踪技术在大气模型中模拟黑碳排放的大气传输运动。也有学者运用空间滞后模型、空间误差模型等探究温室气体和大气污染排放背后的经济原因（马丽梅，2014；Hao et al，2015；Ma et al，2016）。

然而，由于大气污染排放具有长距离传输扩散能力，基于生产视角的污染排放研究无法准确反映当地污染浓度等重要信息（周思立，2018）。因此，也有学者探究了贸易对污染排放的影响，并开展了基于消费视角的隐含碳排放和虚拟大气污染排放研究（齐晔，2008；Meng，2018；Chen，2017）。Li 等（2016）运用投入产出模型核算出 2007 年83% 的我国黑碳排放是由国内需求引起的，其中最大的隐含排放流动是北京通过贸易向河北转移了 4.2 Gg 的黑碳排放。庞军等（2017）基于MRIO 模型测算了京津冀三地隐含在贸易中的污染转移。闫云凤（2016）通过构建多区域投入产出-结构分解模型，测度了京津冀碳足迹的演变趋势及驱动因素。目前，基于消费视角的污染排放研究已证明了发达地区会通过消费欠发达地区的污染密集型产品而转移本地的污染排放（Zhao，2017；Zhang，2017；Chen，2018）。然而，无论是生产视角或是消费视角，研究仅关注温室气体与大气污染物中某一单一要素，忽略了对两者间综合作用机制的解析与协同效应的空间量化。

（2）温室气体和大气污染物协同治理研究

温室气体减排和空气污染缓解的协同效应已得到了大量研究证实。Bollen 等（2009）采用 MERGE 模型对温室气体减排政策和污染控制措施进行成本-效益分析，并提出同时解决污染控制与全球变暖的政策。He 等（2010）模拟了不同能源政策（分别针对温室气体和空气污染物）组合情景下的协同效应，包括温室气体减缓，空气污染物减少和健康效益的提高。而中国有关温室气体和大气污染物排放的协同治理研究大多集中在对某城市或某行业的工程技术减排措施的协同效应评估上。如 Jiang 等（2013）梳理了中国在不同部门（包括能源与工业部门）方面出台的具有协同效应的政策，并以沈阳铁西区和上海宝山区为案例，对典型工业区通过结构减排、技术减排等方式所取得的协同效益进行了评价和肯定。Hasanbeigi 等（2013）利用节能成本公式，计算了中国山东省水泥行业的节能措施所产生的协同效应，包括 PM_{10} 和 SO_2 排放量的减少及由此产生的健康效益。然而，现有文献大多通过单一政策或多项减排措施的组合，基于复杂模型的模拟分析测算，其量化结果仅为预测值或理论值，缺少对历史数据的回溯分析以及对温室气体和大气污染物协同治理实现路径的探究。因此，要从根本上解决温室效应和大气污染问题，需要建立一个"源头—过程—末端"协同治理机制。

基于此，本研究重点关注京津冀温室气体和大气污染物排放协同治理策略研究，从生产—消费、产业结构、区域协调视角，在治理结构、产业升级、消费贸易结构调整等方面提出京津冀温室气体和大气污染物协同减排的区域间共同性与差异化措施，实现京津冀地区在碳减排和大气污染治理等多目标约束下的最优应对策略。

二、京津冀温室气体与大气污染物协同减排对策

（一）协同减排的共同措施

协同减排首先需要摒弃对温室气体与大气污染物孤立控制的思想，充分考虑温室气体与大气污染物减排的协同效应，明确治理温室气体与大气污染物的共同措施。开展温室气体与黑碳的减排，其基础是对两者进行污染特征分析，明确两者共同的排放源。温室气体和黑碳的排放主要来源于化石燃料的燃烧，交通部门、电力部门以及一些重工业部门是温室气体和黑碳排放的主要贡献者。因此，针对这些部门的环保措施可以达到共同减排温室气体和黑碳的目的。而污染物的全生命周期治理则强调对污染物的治理要贯穿污染物从产生、扩散到降解消失的整个过程。因此，根据不同措施治理目标在污染物"生产—消费"的全生命周期环节的分布，可以将这些治理措施分为"源头控制"和"末端措

施"两大类,即从"源"和"汇"两个视角进行系统性治理。

1. 源头控制。源头控制也可以称为"源"治理,是指从源头上降低对化石能源的需求、减少化石能源的燃烧、减少温室气体和黑碳的产生,从而实现温室效应的减缓和大气污染的治理。在源头控制这一环节中,可以分别从生产—消费视角、产业结构视角和区域协调视角来分析制定具体的协同减排措施。

（1）生产—消费视角

从温室气体和空气污染生产端出发,在保持经济增长的同时进行减排的最有效措施是走可持续发展道路,具体做法包括:优化能源结构,降低化石能源在能源结构中的比例,大力鼓励开发使用清洁能源、可再生能源,建设清洁低碳、安全高效的现代能源体系;加快能源技术创新,提高能源利用效率,推动煤炭等化石能源清洁高效利用;严格行业排放标准,强化约束性指标管理,对电力、交通、钢铁、水泥等重点行业与部门加强监管;加大经济、财税和金融政策支持力度,对严格落实防污减排和从事污染防治的企业实行政策优惠,鼓励、引导企业实行绿色生产、低碳生产等。

从产品消费角度来看,加强环保宣传,合理引导和改善居民消费结构,鼓励绿色消费、环保消费,倡导购买低排放的同类产品,可以在生产者之间制造竞争,进而促进制造商不断优化生产供应链,降低产品的排放强度,获得经济和环境的双重收益。基建和交通是城市居民日常生活中联系最为密切的两个部门,同时也是造成京津冀雾霾和温室效应的重要原因。因此,应进一步推进居民低碳出行方式,如实行公共交通优先,鼓励自行车等绿色出行方式,推广新能源汽车,提高电动车产业化水平等,通过多措并举有效降低交通部门的温室气体和黑碳排放。

（2）产业结构视角

我国能源消费呈现明显的部门集中特点,第二产业是我国能源消费的最主要部门,也是温室气体和黑碳排放的关键部门。因此,通过产业结构调整，提高第三产业占比，能够带来显著的正协同效应。针对高污染高能耗的"两高"行业，应明确行业目录，修订完善行业准入条件，提高行业准入门槛。对于已存在的"两高"行业，一方面要鼓励企业开展绿色生产技术研发，推进产业绿色发展；另一方面要加大产业布局的调整力度，加快对不符合标准的"两高"企业的搬迁和关停。

（3）区域协调视角

实现京津冀地区温室气体和大气污染物的协同减排需要同时关注京津冀地区的"同"和"异"。京津冀作为一个协同发展的区域整体，在进行协同减排时，区域内部要方向一致。因此，应明确区域减排整体目标，统一区域减排标准，建立区域减排联动机制，实施联合执法、共同检测等措施。但同时，京津冀三地在协同减排时，也不可过分追求步伐一致，要根据三地具体实际情况和未来发展定位进行适当调整。目前来看，京津冀三地在经济发展水平、产业结构、环境管理水平以及未来发展定位等方面均存在明显差异，在未来的发展中河北将承担更多的第二产业承接责任。在这一基础上，实现京津冀三地温室气体和大气污染物的协同减排，首先需要在区域整体目标下合理明确三地各自的减排目标，然后再在区域内部建立排放补偿机制，由京津两地向河北省进行维度多重、方式多元、长期有效的排放补偿。此外，还可以通过建立区域用能权、大气污染物排污权与碳排放权交易市场，协调三地企业的温室气体和大气污染物减排，提高区域内部减排的灵活性和有效性。

2. 末端措施。末端措施即"汇"治理，是指在温室气体和大气污染产生后通过污染治理、生态修复等措施，控制它们的扩散，加快污染物的吸收和降解。相对于源头控制措施，末端措施费用成本更高，治理效果更低。但在温室效应和雾霾的协同治理过程中，末端措施仍发挥着重要作用。推进高污染排放工厂和机动车安装过滤装置和吸附装置，能够有效减少温室气体和大气污染物的扩散。加快造林绿化步伐，推进国土绿化行动，提高城市绿化面积能够有效增加生态系统碳汇，加快对已排放温室气体和大气污染物的吸收。

（二）协同减排的差异化措施

基于温室气体和大气污染物在排放量、排放源、排放特征上的差异，制定差异化措施可以针对性地提高温室效应和雾霾的治理效果。

1. 排放量不同。温室气体和大气污染物在京津冀三地各自占总排放比例是不一样的。这个差别主要是来自不同区域之间的能源结构、技术水平和环境标准等不同所造成的排放因子的差异。因此，京津冀三地在具体的减排目标和不同减排措施的执行力度上应根据各自的实际情况来进行调整。

2. 排放源不同。温室气体主要是来源于工业生产中的化石燃料燃烧，而黑碳不仅来源于化石燃料燃烧，在工业生产过程中，如水泥、石灰生产，也产生大量的黑碳排放。针对工业生产中的黑碳排放，需要加强对扬尘的综合治理，并对重点区域实施降尘考核。

3. 排放特征不同。温室气体是长寿命温室气体，无论排在哪里，所产生的致暖效应是一样的。而黑碳是短寿命污染物，对环境和气候具有更强的区域效应，并且排放特征受本地的技术水平以及环境标准的影响也更大。因此，京津冀三地的协同减排措施对雾霾治理的效果更加明显。

参考文献：

［1］CHEN B，LI J S，CHEN G Q，et al，2017. China's energy-related mercury emissions：Characteristics，impact of trade and mitigation policies［J］. Journal of Cleaner Production，141：1259-1266.

［2］CHEN L，MENG J，LIANG S，ET AL，2018. Trade-induced atmospheric mercury deposition over China and implications for demand-side controls［J］. Environmental Science & Technology，52（4）：2036-2045.

[3] HAO Y, LIU Y M, 2015. The influential factors of urban PM$_{2.5}$ concentrations in China: A spatial econometric analysis [J]. Journal of Cleaner Production, 95: 387.

[4] HASANEIGI A, LOBSCHIED A, LU H, ET AL, 2013. Quantifying the co-benefits of energy-efficiency policies: A case study of the cement industry in Shandong Province, China [J]. Science of the Total Environment, 458: 624-636.

[5] HE K, LEI Y, PAN X, et al, 2010. Co-benefits from energy policies in China [J]. Energy, 35 (11): 4265-4272.

[6] JIANG P, CHEN Y, GENG Y, et al, 2013. Analysis of the co-benefits of climate change mitigation and air pollution reduction in China [J]. Journal of Cleaner Production, 58: 130-137.

[7] MA Y R, JI Q, FAN Y, 2016. Spatial linkage analysis of the impact of regional economic activities on PM$_{2.5}$ pollution in China [J]. Journal of Cleaner Production, 139: 1157-1167.

[8] MENG J, LIU J, YI K, et al, 2018. Origin and radiative forcing of black carbon aerosol: Production and consumption perspectives [J]. Environmental Science & Technology. DOI: acs. est. 8b01873.

[9] WANG H, RASCH P J, EASTER R C, et al, 2014. Using an explicit emission tagging method in global modeling of source – receptor relationships for black carbon in the Arctic: Variations, sources, and transport pathways [J]. Journal of Geophysical Research: Atmospheres, 119.

[10] ZHANG Z, ZHAO Y, SU B, et al, 2017. Embodied carbon in China's foreign trade: An online SCI-E and SSCI based literature review [J]. Renewable and Sustainable Energy Reviews, 68: 492-510.

[11] ZHAO H, LI X, ZHANG Q, et al, 2017. Effects of atmospheric

transport and trade on air pollution mortality in China ［J］. Atmospheric Chemistry and Physics, 17（17）：1-23.

［12］马丽梅，张晓.2014.中国雾霾污染的空间效应及经济、能源结构影响［J］.中国工业经济，4：19-31.

［13］庞军，石媛昌，李梓瑄，等，2017.基于 MRIO 模型的京津冀地区贸易隐含污染转移［J］.中国环境科学，37（8）：3190-3200.

［14］齐晔，李惠民，徐明.2008.中国进出口贸易中的隐含碳估算［J］.中国人口·资源与环境，03：8-13.

［15］王超，张霖琳，刀谞，等，2015.京津冀地区城市空气颗粒物中多环芳烃的污染特征及来源［J］.中国环境科学，35（01）：1-6.

［16］王振波，方创琳，许光，等，2015.2014 年中国城市 PM$_{2.5}$浓度的时空变化规律［J］.地理学报，70（11）：1720-1734.

［17］闫云凤.2016.京津冀碳足迹演变趋势与驱动机制研究［J］.软科学，30（8）：10-14.

［18］周思立，孟靖，魏文栋，等，2018.黑碳跨区域转移及其治理策略研究——基于 MRIO 和 WRF/Chem 模型［J］.环境经济研究，3（04）：110-125.

附件二：京津冀地区隐含黑碳排放数据库①

附表1 2012年京津冀地区体现黑碳排放强度（单位：g/万元）

地区	黑碳排放强度
北京	69.36
天津	92.26
衡水	111.57
保定	117.71
廊坊	135.25
邯郸	184.51
秦皇岛	207.81
承德	208.75
唐山	211.61
石家庄	215.57
张家口	240.03
沧州	242.42
邢台	514.27

---

① 注：由于2012年和2017年部分投入产出数据及环境数据的偏差，可能导致该数据库部分结果（尤其是细分产业的数据结果）的偏差，及其2012与2017年部分数据结果的差异。

附表 2 2017 年京津冀地区体现黑碳排放强度（单位：g/万元）

地区	黑碳排放强度
北京	18.33
天津	29.94
衡水	110.34
保定	137.25
廊坊	73.65
邯郸	539.65
秦皇岛	211.92
承德	249.99
唐山	103.66
石家庄	56.94
张家口	83.73
沧州	118.16
邢台	127.63

附表3　2012年京津冀地区分产业隐含黑碳排放强度（单位：g/万元）

产业	地区					
	北京	天津	石家庄	唐山	秦皇岛	邯郸
农林牧渔产品和服务	138.28	169.06	124.33	89.04	116.43	96.04
煤炭采选产品	143.78	64.03	311.46	1079.04	0.00	686.27
石油和天然气开采产品	17.84	30.48	0.00	78.49	0.00	0.00
金属矿采选产品	128.15	43.06	117.39	94.42	98.43	60.86
非金属矿和其他矿采选产品	244.98	68.20	146.97	149.73	4874.98	120.31
食品和烟草	67.13	59.26	165.26	119.38	177.80	100.46
纺织品	74.67	96.00	144.87	112.14	259.17	96.53
纺织服装鞋帽皮革羽绒及其制品	60.77	59.81	127.67	113.87	674.96	75.96
木材加工品和家具	86.98	77.88	242.67	143.22	1871.78	139.80
造纸印刷和文教体育用品	84.76	81.17	174.69	177.64	4665.01	125.76
石油、炼焦产品和核燃料加工品	29.20	170.60	252.63	381.15	663.41	0.00
化学产品	67.96	83.73	306.05	216.58	376.70	126.06
非金属矿物制品	172.62	211.12	425.85	229.80	1291.90	305.71
金属冶炼和压延加工品	125.90	138.89	538.75	273.79	162.73	303.44
金属制品	111.59	110.47	232.71	178.92	322.53	150.75

续表

产业		北京	天津	石家庄	唐山	秦皇岛	邯郸
	通用、专用设备	65.42	66.94	197.53	147.10	163.33	95.16
	交通运输设备	50.19	52.42	219.48	151.54	124.30	109.40
	电气机械和器材	69.37	65.09	146.66	167.04	135.24	94.14
	通信设备、计算机和其他电子设备	43.02	36.54	124.55	70.90	61.57	86.32
	仪器仪表	41.89	38.71	123.95	107.72	175.58	79.92
	其他制造产品	61.53	55.92	160.04	108.88	252.83	27.61
	电力、热力的生产和供应	86.32	34.56	185.62	246.76	102.38	267.97
	燃气、水的生产和供应	27.38	36.69	107.93	123.24	67.41	190.17
	建筑	126.61	191.78	245.26	178.67	199.01	138.87
	交通运输、仓储和邮政	152.70	209.70	229.27	246.98	240.88	276.91
	批发和零售	39.12	30.39	91.73	83.68	77.91	51.33
	住宿和餐饮	63.13	91.45	148.70	194.32	128.52	98.49
	租赁和商务服务	63.71	85.00	227.14	495.18	231.66	201.04
	科学研究和技术服务	61.17	91.54	291.63	1087.35	486.91	525.84
	其他服务业	37.71	37.92	71.96	74.96	76.43	52.69

地区

产业	邢台	保定	张家口	承德	沧州	廊坊	衡水
				地区			
农林牧渔产品和服务	229.90	105.77	71.36	98.82	132.72	113.98	107.92
煤炭采选产品	3452.29	92.47	1182.16	4586.66	0.00	0.00	0.00
石油和天然气开采产品	0.00	0.00	0.00	0.00	51.99	0.00	0.00
金属矿采选产品	135.15	84.97	166.75	180.00	0.00	0.00	0.00
非金属矿及其他矿采选产品	394.58	128.75	5551.95	747.79	84.18	169.49	0.00
食品和烟草	283.61	105.04	110.85	129.08	116.41	96.07	111.62
纺织品	198.94	88.11	212.87	96.88	109.30	257.41	70.49
纺织服装鞋帽皮革羽绒及其制品	216.74	80.82	133.19	125.23	86.23	346.60	68.28
木材加工品和家具	242.43	180.52	273.77	94.42	137.98	313.54	150.06
造纸印刷和文教体育用品	246.27	118.26	214.73	161.08	137.07	218.33	55.30
石油、炼焦产品和核燃料加工品	1303.18	294.42	411.79	1421.55	799.68	1757.57	0.00
化学产品	1357.76	146.21	533.13	132.37	212.79	261.45	263.02
非金属矿物制品	375.87	332.18	851.08	400.56	164.01	459.87	130.64
金属冶炼和压延加工品	654.80	108.12	340.35	293.42	179.87	113.53	104.65
金属制品	342.54	111.76	232.92	167.88	112.40	139.99	97.34

续表

产业	邢台	保定	张家口	承德	沧州	廊坊	衡水
通用、专用设备	344.34	84.53	200.97	124.21	134.32	85.34	82.64
交通运输设备	368.69	102.25	186.68	117.60	128.83	78.21	88.11
电气机械和器材	314.17	120.25	178.66	144.34	118.30	670.73	74.79
通信设备，计算机和其他电子设备	647.56	60.13	95.14	0.00	52.47	77.58	28.01
仪器仪表	0.00	5.59	0.00	53.85	59.57	13.04	2.37
其他制造产品	239.88	56.91	159.37	0.00	100.07	417.21	61.41
电力、热力的生产和供应	375.67	95.10	361.76	209.04	80.50	87.53	87.07
燃气、水的生产和供应	70.70	55.53	191.35	1355.99	144.72	41.20	34.35
建筑	265.54	148.42	302.69	156.16	135.15	113.48	126.75
交通运输、仓储和邮政	217.42	147.61	274.37	306.78	349.42	116.70	150.49
批发和零售	191.07	93.89	68.81	112.86	177.89	95.95	88.61
住宿和餐饮	204.30	115.76	109.32	154.86	122.12	98.87	136.09
租赁和商务服务	424.12	672.60	105.56	201.01	211.49	141.18	806.52
科学研究和技术服务	885.42	140.15	146.99	280.57	662.30	180.41	2163.72
其他服务业	114.74	57.64	61.28	66.68	72.71	66.92	60.01

附表4 2017年京津冀地区分产业隐含黑碳排放强度（单位：g/万元）

产业	北京	天津	石家庄	唐山	秦皇岛	邯郸
农林牧渔产品和服务	1.57	0.95	25.14	127.77	61.73	74.86
煤炭采选产品	0.09	0.29	33.84	127.13	4.69	152.50
石油和天然气开采产品	1.62	3.04	7.24	14.01	1.30	1.29
金属矿采选产品	0.52	11.04	12.22	85.21	93.81	123.39
非金属矿和其他矿采选产品	1.64	7.63	5.63	9.02	189.36	469.04
食品和烟草	10.05	0.26	75.01	213.76	40.43	163.63
纺织品	0.46	2.30	20.02	9.87	160.87	539.81
纺织服装鞋帽皮革羽绒及其制品	3.14	0.14	39.03	11.08	201.97	34.80
木材加工品和家具	0.58	22.48	30.84	47.87	227.82	165.62
造纸印刷和文教体育用品	2.70	11.55	34.33	9.89	119.42	669.21
石油、炼焦产品和核燃料加工品	0.83	16.53	35.93	105.97	156.76	277.50
化学产品	18.13	2.63	21.31	591.69	71.44	482.26
非金属矿物制品	2.19	6.55	78.40	163.29	106.64	1033.87
金属冶炼和压延加工品	3.06	1.57	27.32	100.24	21.19	458.92
金属制品	1.58	3.91	3.27	160.84	747.65	2466.38

续表

产业	北京	天津	石家庄	唐山	秦皇岛	邯郸
通用设备	13.12	17.01	510.28	250.47	310.76	2084.06
专用设备	11.29	2.28	85.51	36.82	740.67	1099.62
交通运输设备	90.18	27.40	28.34	502.15	403.91	836.96
电气机械和器材	14.46	21.79	5.20	6.47	117.91	461.99
通信设备、计算机和其他电子设备	378.97	84.87	11.04	4.92	218.16	26.70
仪器仪表	8.30	22.55	12.13	7.04	13.84	10.61
其他制造产品	0.47	6.54	3.71	13.49	299.29	33.34
废品废料	0.14	1.43	0.70	0.89	0.06	2.13
金属制品、机械和设备修理服务	1.95	137.96	29.67	126.73	167.46	100.91
电力、热力的生产和供应	5.42	5.14	198.92	181.56	76.70	278.39
燃气生产和供应	0.76	44.47	1.47	1.08	9.70	18.28
水的生产和供应	3.00	139.30	18.94	22.35	36.64	61.33
建筑	5.23	24.07	275.32	250.32	380.44	1245.13
批发和零售	16.47	12.95	239.12	348.54	554.74	1051.31
交通运输、仓储和邮政	32.17	23.06	25.30	95.84	140.74	550.49

地区

续表

| 产业 | 地区 | | | | | |
---	北京	天津	石家庄	唐山	秦皇岛	邯郸
住宿和餐饮	3.17	17.38	6.06	44.95	112.62	275.89
信息传输、软件和信息技术服务	48.44	17.46	75.57	23.57	126.41	411.05
金融	14.09	6.69	81.84	82.26	82.90	212.95
房地产	6.15	17.38	5.04	46.63	43.42	56.83
租赁和商务服务	11.87	17.62	64.73	2.94	570.36	1029.58
科学研究和技术服务	19.07	1.56	14.05	0.69	35.18	143.27
水利、环境和公共设施管理	0.10	57.47	8.13	8.03	80.18	104.11
居民服务、修理和其他服务	12.04	15.48	88.58	132.96	2029.14	4601.46
教育	2.00	37.23	11.26	7.10	43.06	7.65
卫生和社会工作	19.80	149.57	52.06	343.46	9.42	687.12
文化、体育和娱乐	0.61	7.82	3.99	9.22	20.27	77.97
公共管理、社会保障和社会组织	2.33	250.15	85.17	25.51	71.65	83.29

产业		邢台	保定	张家口	承德	沧州	廊坊	衡水
	农林牧渔产品和服务	248.90	52.63	7.67	277.15	12.62	47.15	254.77
	煤炭采选产品	98.88	176.01	117.77	555.97	4.38	0.38	3.98
	石油和天然气开采产品	1.95	3.15	11.78	51.44	47.72	0.21	521.47
	金属矿和其他矿采选产品	199.64	231.28	86.78	515.47	13.32	0.22	48.46
	非金属矿和其他矿采选产品	6.55	7.65	30.64	67.09	6.47	0.03	5.65
	食品和烟草	227.50	226.28	0.18	137.03	153.88	27.82	227.88
	纺织品	193.00	335.81	56.78	220.74	15.76	13.02	77.04
	纺织服装鞋帽皮革羽绒及其制品	14.63	78.68	19.74	160.84	63.02	11.69	530.55
	木材加工品和家具	11.08	31.12	7.41	9.89	282.65	258.97	9.08
	造纸印刷和文教体育用品	60.60	24.82	3.06	122.89	50.49	31.54	66.71
	石油、炼焦产品和核燃料加工品	104.94	10.47	43.44	571.42	199.52	6.61	7.44
	化学产品	467.39	1140.02	133.12	1800.27	557.09	947.66	434.43
	非金属矿物制品	64.76	272.54	207.26	91.43	33.70	180.63	57.72
	金属冶炼和压延加工品	286.94	171.54	14.70	36.22	36.55	122.06	21.41
	金属制品	43.70	304.38	21.57	860.56	453.53	338.83	285.37

产业		邢台	保定	张家口	承德	沧州	廊坊	衡水
	通用设备	170.77	13.51	101.92	372.83	150.19	10.90	54.89
	专用设备	11.47	3.00	42.52	293.66	453.06	15.93	27.75
	交通运输设备	207.91	193.96	9.07	453.71	69.85	5.73	83.92
	电气机械和器材	214.35	76.18	11.47	412.99	38.77	6.19	37.33
	通信设备、计算机和其他电子设备	50.58	34.80	8.91	256.33	59.50	64.91	63.32
	仪器仪表	11.63	1.64	7.35	8.71	22.67	1.99	0.50
	其他制造产品	7.45	2.25	0.68	41.85	21.29	16.65	4.19
	废品废料	1.78	1.49	2.00	3.71	0.25	1.22	0.14
	金属制品、机械和设备修理服务	7.66	74.39	19.25	10.08	32.37	2.73	2.43
	电力、热力的生产和供应	145.24	102.04	468.76	218.41	123.44	22.15	77.98
	燃气生产和供应	11.70	1.50	4.23	5.68	5.90	9.42	5.61
	水的生产和供应	8.54	13.57	16.46	56.42	29.68	3.54	1.39
	建筑	663.83	39.75	492.36	404.76	111.13	154.84	493.59
	批发和零售	226.11	112.45	126.74	137.15	29.72	27.83	365.16
	交通运输、仓储和邮政	488.22	167.09	366.22	610.74	119.03	69.19	165.26

续表

产业		邢台	保定	张家口	承德	沧州	廊坊	衡水
	住宿和餐饮	53.16	48.23	32.44	7.03	4.29	11.76	45.44
	信息传输、软件和信息技术服务	354.73	423.43	263.23	212.54	271.16	11.94	98.87
	金融	49.58	22.18	165.05	203.27	91.46	22.61	161.85
	房地产	114.32	34.22	140.67	125.90	46.94	38.49	59.05
	租赁和商务服务	48.20	124.03	3.44	87.40	393.53	11.47	117.46
	科学研究和技术服务	70.45	45.85	42.28	55.78	86.29	27.40	20.62
	水利、环境和公共设施管理	8.27	14.08	13.33	29.54	22.76	0.99	0.37
	居民服务、修理和其他服务	120.81	459.53	155.69	209.31	356.13	251.05	71.32
	教育	39.84	12.93	48.33	99.98	62.66	8.64	19.01
	卫生和社会工作	197.91	586.47	24.45	484.04	308.47	299.04	90.39
	文化、体育和娱乐	0.92	1.78	9.20	23.13	24.59	1.41	10.61
	公共管理、社会保障和社会组织	44.70	87.82	178.58	196.15	96.93	8.43	3.69

地区

附表5　2012年中国各地区体现黑碳排放强度（单位：g/万元）

地区	黑碳排放强度
京津冀	143.41
山西	304.72
内蒙古	138.92
辽宁	149.12
吉林	301.74
黑龙江	152.50
上海	95.31
江苏	67.93
浙江	89.36
安徽	133.75
福建	92.13
江西	133.43
山东	39.94
河南	218.67
湖北	131.49
湖南	181.43
广东	50.94
广西	250.04
海南	410.23
重庆	77.11
四川	91.95
贵州	342.84
云南	204.27

地区	黑碳排放强度
陕西	139.62
甘肃	322.29
青海	354.56
宁夏	162.81
新疆	87.61

附表6 2017年中国各地区体现黑碳排放强度（单位：g/万元）

地区	黑碳排放强度
京津冀	143.17
山西	143.24
内蒙古	287.50
辽宁	206.39
吉林	241.02
黑龙江	168.04
上海	20.45
江苏	14.69
浙江	38.33
安徽	85.87
福建	138.99
江西	124.17
山东	86.05
河南	174.52
湖北	166.97
湖南	144.02

续表

地区	黑碳排放强度
广东	99.97
广西	222.83
海南	241.19
重庆	45.10
四川	95.90
贵州	110.37
云南	389.40
陕西	307.92
甘肃	178.27
青海	224.79
宁夏	31.05
新疆	136.63

附表7　2012年中国各省市分产业隐含黑碳排放强度（单位：g/万元）

产业	地区	山西	内蒙古	辽宁	吉林	黑龙江	上海	江苏
	农林牧渔产品和服务	344.54	139.55	156.37	132.75	82.65	1059.14	24.07
	煤炭采选产品	261.32	140.15	683.74	475.20	122.94	0.00	62.34
	石油和天然气开采产品	355.28	12.25	68.91	267.71	24.46	5556.57	13.41
	金属矿采选产品	472.76	65.92	91.30	426.25	339.10	0.00	47.12
	非金属矿和其他矿采选产品	1413.64	79.29	155.70	1128.86	161.77	0.00	78.35
	食品和烟草	243.51	83.60	107.59	143.61	143.66	75.57	32.36
	纺织品	498.18	54.38	101.67	203.14	156.74	63.61	42.21
	纺织服装鞋帽皮革羽绒及其制品	429.15	45.81	86.03	171.55	139.41	40.27	64.13
	木材加工品和家具	398.48	90.30	112.83	165.04	263.50	86.60	59.47
	造纸印刷和文教体育用品	630.32	71.34	106.26	279.21	269.71	72.24	60.89
	石油、炼焦产品和核燃料加工品	297.08	971.58	94.79	338.38	51.46	415.12	53.19
	化学产品	315.23	130.58	140.79	298.75	194.95	102.27	49.30
	非金属矿物制品	511.22	126.56	177.72	484.48	665.50	94.20	103.67
	金属冶炼和压延加工品	622.45	195.86	120.99	1109.62	431.05	122.46	100.50
	金属制品	329.41	110.56	119.45	438.81	266.72	82.85	87.07

续表

		地区						
		山西	内蒙古	辽宁	吉林	黑龙江	上海	江苏
产业	通用、专用设备	261.66	102.14	110.11	541.00	188.55	59.23	77.90
	交通运输设备	306.42	91.97	99.87	206.25	293.40	54.35	74.08
	电气机械和器材	249.71	83.68	118.93	341.34	137.69	58.28	76.91
	通信设备、计算机和其他电子设备	166.85	38.43	95.03	293.98	141.69	24.65	41.80
	仪器仪表	149.32	48.35	107.99	272.26	148.20	30.49	63.69
	其他制造产品	251.89	238.94	77.92	420.61	155.64	54.84	26.48
	电力、热力的生产和供应	179.17	89.05	191.35	249.71	99.67	95.36	94.09
	燃气、水的生产和供应	140.38	60.64	142.58	253.08	101.98	123.70	29.95
	建筑	346.20	108.73	156.17	364.92	255.06	97.17	91.41
	交通运输、仓储和邮政	448.90	262.34	437.59	1324.78	339.11	229.63	317.00
	批发和零售	87.34	90.25	213.16	89.66	75.96	73.43	30.75
	住宿和餐饮	154.98	184.74	450.20	140.15	155.02	234.67	56.52
	租赁和商务服务	599.80	252.33	204.05	263.94	321.64	118.01	61.77
	科学研究和技术服务	881.59	500.31	297.50	422.34	390.28	113.42	91.08
	其他服务业	92.28	48.46	87.05	126.03	64.35	40.20	28.84

产业	湖北	河南	山东	江西	福建	安徽	浙江
农林牧渔产品和服务	85.65	91.56	22.60	105.58	70.69	119.02	153.45
煤炭采选产品	5825.65	555.81	85.63	167.14	2224.31	58.38	10276.04
石油和天然气开采产品	364.21	270.11	30.73	0.00	0.00	0.00	0.00
金属矿采选产品	83.02	163.21	53.18	111.69	143.29	80.12	70.21
非金属矿和其他矿采选产品	225.09	139.26	166.83	178.02	139.10	225.46	158.38
食品和烟草	79.82	109.01	23.94	95.83	49.77	84.89	81.40
纺织品	98.22	142.24	21.57	117.56	47.46	199.76	64.92
纺织服装鞋帽皮革羽绒及其制品	86.14	111.44	22.01	92.63	31.37	123.62	51.26
木材加工品和家具	107.00	122.77	26.62	98.13	55.13	115.17	72.40
造纸印刷和文教体育用品	115.30	184.75	27.85	132.74	63.49	148.92	79.80
石油、炼焦产品和核燃料加工品	277.75	428.70	31.50	125.15	80.20	136.91	76.31
化学产品	175.21	230.76	37.60	121.43	83.09	145.31	81.08
非金属矿物制品	266.48	196.73	77.87	278.96	196.23	228.30	172.14
金属冶炼和压延加工品	224.66	259.19	80.60	140.24	202.54	141.41	211.25
金属制品	100.37	172.54	46.67	119.35	92.56	165.12	108.50

地区

续表

产业		地区						
		浙江	安徽	福建	江西	山东	河南	湖北
	通用、专用设备	90.41	127.89	80.02	102.77	43.72	168.86	88.76
	交通运输设备	75.61	134.04	75.07	95.15	45.01	165.46	85.93
	电气机械和器材	87.35	103.60	67.92	94.70	51.86	156.65	89.30
	通信设备、计算机和其他电子设备	70.37	94.06	42.46	51.16	33.16	111.67	36.31
	仪器仪表	61.39	119.86	53.19	64.87	29.92	116.93	49.93
	其他制造产品	67.80	110.85	67.94	136.39	44.14	226.45	110.45
	电力、热力的生产和供应	124.06	130.45	221.46	174.16	56.21	359.11	267.61
	燃气、水的生产和供应	42.76	79.78	39.97	51.36	38.38	221.75	54.96
	建筑	115.36	181.03	118.40	154.54	48.40	183.85	128.33
	交通运输、仓储和邮政	284.77	434.21	225.54	484.77	83.67	969.89	332.00
	批发和零售	28.79	63.48	17.55	97.35	17.00	223.85	30.26
	住宿和餐饮	47.77	119.31	58.99	80.55	18.86	254.27	60.32
	租赁和商务服务	47.93	72.64	28.78	104.67	28.31	506.68	70.69
	科学研究和技术服务	81.00	116.04	73.72	140.32	33.13	641.14	98.80
	其他服务业	23.71	65.71	22.75	46.29	12.98	118.16	33.82

产业	湖南	广东	广西	海南	重庆	四川	贵州
农林牧渔产品和服务	123.61	92.99	96.68	141.64	86.43	80.87	247.58
煤炭采选产品	92.13	0.00	114.88	0.00	38.55	284.06	505.63
石油和天然气开采产品	0.00	7.29	0.00	14.13	63.35	53.43	0.00
金属矿采选产品	113.00	77.82	113.50	209.80	108.49	61.99	1756.74
非金属矿和其他矿采选产品	329.53	151.35	215.03	2884.18	109.26	87.34	865.45
食品和烟草	118.99	50.96	104.92	462.28	54.03	55.84	155.97
纺织品	140.66	49.51	581.55	690.24	55.38	62.67	6879.31
纺织服装鞋帽皮革羽绒及其制品	124.43	34.39	421.74	208.06	45.41	54.50	564.29
木材加工品和家具	113.43	55.02	143.56	516.90	71.51	65.79	217.40
造纸印刷和文教体育用品	157.88	56.63	440.92	481.42	70.42	78.68	894.15
石油、炼焦产品和核燃料加工品	157.44	61.21	122.59	35.32	85.21	188.70	3314.25
化学产品	308.88	55.00	258.84	529.66	64.50	90.28	429.98
非金属矿物制品	367.59	123.01	473.37	1911.29	95.10	163.58	882.58
金属冶炼和压延加工品	204.23	111.97	235.83	12467.60	107.59	147.39	621.76
金属制品	149.98	62.44	517.26	707.29	107.69	97.89	305.72

地区

续表

产业	地区						
	湖南	广东	广西	海南	重庆	四川	贵州
通用、专用设备	121.98	41.40	241.53	1177.49	84.19	83.19	588.42
交通运输设备	151.14	43.80	184.36	311.99	81.28	80.16	310.38
电气机械和器材	161.51	43.32	329.34	329.09	86.98	91.27	329.85
通信设备、计算机和其他电子设备	95.34	14.68	390.38	90.60	30.62	38.57	167.23
仪器仪表	120.90	26.26	479.27	193.20	59.97	60.45	107.15
其他制造产品	115.82	35.08	760.45	292.00	79.38	62.52	197.95
电力、热力的生产和供应	137.56	82.34	171.54	194.98	48.79	120.13	198.04
燃气、水的生产和供应	124.56	34.66	148.91	28.94	41.75	60.09	197.80
建筑	241.01	85.13	283.80	521.48	122.41	107.28	334.54
交通运输、仓储和邮政	519.90	131.27	1162.46	1405.37	228.37	393.74	390.87
批发和零售	175.91	41.61	157.31	256.35	23.10	45.69	188.41
住宿和餐饮	312.65	81.17	220.34	287.45	41.17	44.51	254.64
租赁和商务服务	220.89	35.34	127.12	351.58	52.81	92.18	292.69
科学研究和技术服务	269.18	59.70	168.02	670.49	67.94	87.41	517.56
其他服务业	78.18	18.51	104.70	125.23	25.62	35.83	111.98

产业		云南	陕西	甘肃	青海	宁夏	新疆
	农林牧渔产品和服务	92.57	130.03	160.16	416.56	99.68	36.71
	煤炭采选产品	602.39	150.71	978.03	306.98	122.27	362.09
	石油和天然气开采产品	0.00	30.51	272.43	113.82	3024.36	19.62
	金属矿采选产品	144.70	177.58	166.26	198.95	0.00	55.03
	非金属矿和其他矿采选产品	173.97	587.96	383.58	452.20	5274.34	70.07
	食品和烟草	62.00	101.12	153.57	290.09	110.47	47.75
	纺织品	101.51	87.78	181.22	170.79	64.92	51.20
	纺织服装鞋帽皮革羽绒及其制品	90.99	78.61	133.47	85.98	79.14	45.38
	木材加工品和家具	108.65	111.83	134.62	45.67	106.53	82.36
	造纸印刷和文教体育用品	132.13	135.45	216.80	287.49	153.37	122.82
	石油、炼焦产品和核燃料加工品	641.97	119.02	602.18	768.04	108.84	122.50
	化学产品	233.48	201.92	360.24	253.96	355.41	113.44
	非金属矿物制品	267.11	246.73	454.51	574.09	467.19	136.51
	金属冶炼和压延加工品	175.30	200.18	251.80	430.46	178.97	144.67
	金属制品	170.23	132.69	221.03	356.37	142.88	112.83

续表

产业		云南	陕西	甘肃	青海	宁夏	新疆
	通用、专用设备	130.65	99.40	326.23	325.50	109.75	92.32
	交通运输设备	121.52	97.96	305.70	292.11	88.97	106.12
	电气机械和器材	134.51	104.07	162.07	213.01	109.10	88.47
	通信设备、计算机和其他电子设备	72.45	91.83	216.94	254.56	49.07	21.03
	仪器仪表	107.66	37.54	518.18	311.50	92.24	51.04
	其他制造产品	56.13	123.87	228.02	364.75	173.18	69.29
	电力、热力的生产和供应	198.32	104.61	300.23	181.15	110.12	123.29
	燃气、水的生产和供应	134.51	49.26	151.10	139.35	68.94	57.61
	建筑	186.60	169.38	309.40	350.42	177.51	121.50
	交通运输、仓储和邮政	645.40	540.33	1150.71	1853.46	301.77	170.71
	批发和零售	278.94	65.32	198.73	220.15	77.21	40.58
	住宿和餐饮	408.34	129.19	272.82	391.73	128.87	41.80
	租赁和商务服务	377.18	100.18	807.14	268.39	243.98	117.30
	科学研究和技术服务	613.70	104.64	768.48	357.02	495.64	116.62
	其他服务业	120.25	57.60	157.79	156.26	69.19	38.28

附表 8　2017 年中国各省市分产业隐含黑碳排放强度（单位：g/万元）

产业	地区						
	山西	内蒙古	辽宁	吉林	黑龙江	上海	江苏
农林牧渔产品和服务	60.31	46.04	1473.61	1031.88	1.74	0.77	9.75
煤炭采选产品	537.39	94.80	0.21	13.50	47.83	1.25	6.25
石油和天然气开采产品	36.09	117.90	52.69	9.75	171.99	35.29	0.62
金属矿采选产品	46.82	4.00	16.22	20.14	1.54	0.76	1.16
非金属矿和其他矿采选产品	30.61	18.10	0.71	8.89	1.61	8.20	0.89
食品和烟草	129.82	242.28	1774.83	3799.71	128.79	2.62	22.60
纺织品	3.81	343.88	4.43	315.75	21.03	6.41	7.05
纺织服装鞋帽皮革羽绒及其制品	11.83	111.14	12.02	33.99	5.34	6.50	0.66
木材加工品和家具	1.34	30.26	18.76	181.19	56.48	6.35	14.80
造纸印刷和文教体育用品	12.49	118.80	15.26	7.86	38.47	14.33	1.83
石油、炼焦产品和核燃料加工品	146.24	139.77	189.29	2.42	52.76	5.18	13.84
化学产品	62.02	19.62	722.30	253.59	262.62	11.39	17.29
非金属矿物制品	124.69	14.77	55.55	41.99	10.79	11.76	9.25
金属冶炼和压延加工品	500.92	54.92	491.84	41.74	70.52	0.88	9.33
金属制品	52.71	11.62	145.93	46.14	7.54	0.65	27.73

续表

产业		山西	内蒙古	辽宁	吉林	黑龙江	上海	江苏
					地区			
	通用设备	0.76	4.94	121.07	295.44	10.54	80.87	21.45
	专用设备	99.34	9.54	55.33	323.86	31.63	17.56	6.67
	交通运输设备	71.97	108.28	6.35	825.92	198.40	84.29	38.78
	电气机械和器材	116.90	105.72	52.55	24.63	36.32	4.39	51.49
	通信设备、计算机和其他电子设备	699.86	488.79	82.45	3.37	8.40	10.70	165.38
	仪器仪表	10.96	6.22	12.04	5.53	3.92	0.36	15.75
	其他制造产品	35.90	1.83	1.44	20.10	0.64	0.58	0.17
	废品废料	0.49	8.47	11.44	21.70	202.94	0.30	1.89
	金属制品、机械和设备修理服务	163.70	534.37	21.59	413.03	17.30	2.36	44.79
	电力、热力的生产和供应	255.89	15.29	503.78	32.33	379.65	4.58	5.23
	燃气生产和供应	14.55	13.99	2.41	4.37	9.21	2.20	1.39
	水的生产和供应	153.95	25.45	10.02	24.99	24.16	3.08	0.84
	建筑	241.42	1976.61	106.77	349.03	73.03	106.32	38.45
	批发和零售	47.95	1067.28	526.83	46.78	227.29	6.29	8.89
	交通运输、仓储和邮政	723.61	126.54	476.37	65.24	244.95	36.18	5.33

续表

产业	地区						
	山西	内蒙古	辽宁	吉林	黑龙江	上海	江苏
住宿和餐饮	244.78	83.02	255.73	1299.05	345.68	2.46	4.10
信息传输、软件和信息技术服务	74.30	1020.74	163.68	102.01	100.17	69.26	16.80
金融	503.19	92.66	487.44	1.13	340.38	15.85	15.90
房地产	171.92	246.13	273.30	5.79	416.60	4.72	6.09
租赁和商务服务	105.49	324.43	89.01	17.75	555.37	63.16	10.64
科学研究和技术服务	122.69	330.35	62.03	147.44	19.09	3.69	1.70
水利、环境和公共设施管理	9.93	14.89	17.15	4.57	7.73	2.09	0.23
居民服务、修理和其他服务	12.59	78.24	10.20	50.42	48.05	5.07	1.83
教育	51.34	555.76	49.09	58.53	65.04	27.31	2.61
卫生和社会工作	35.50	526.77	226.80	65.97	1052.01	28.67	2.16
文化、体育和娱乐	109.09	26.17	5.55	43.51	10.26	3.02	0.82
公共管理、社会保障和社会组织	180.84	2914.48	64.38	61.75	1749.91	161.21	4.56

产业		浙江	安徽	福建	地区 江西	山东	河南	湖北
	农林牧渔产品和服务	4.54	40.66	27.63	333.78	73.19	29.96	353.04
	煤炭采选产品	8.75	11.01	66.94	65.30	68.84	480.59	42.68
	石油和天然气开采产品	6.47	0.18	31.88	2.38	3.23	86.50	53.28
	金属矿采选产品	0.15	21.11	5.71	19.51	1.25	97.09	0.99
	非金属矿和其他矿采选产品	1.27	12.56	18.75	7.33	46.15	97.05	6.53
	食品和烟草	11.56	128.34	257.59	1244.85	25.47	48.23	1292.88
	纺织品	35.39	86.32	42.77	15.81	5.94	30.30	90.00
	纺织服装鞋帽皮革羽绒及其制品	659.68	101.61	12.26	14.04	74.18	147.76	96.71
	木材加工品和家具	28.11	12.49	14.30	14.86	0.41	148.34	3.74
	造纸印刷和文教体育用品	9.85	10.63	10.83	17.62	15.14	119.31	4.40
	石油、炼焦产品和核燃料加工品	4.58	1.70	92.90	43.78	4.33	838.45	7.38
	化学产品	18.47	55.54	8.24	319.29	22.09	69.26	30.07
	非金属矿物制品	16.60	23.35	3.54	133.97	5.34	49.19	1.02
	金属冶炼和压延加工品	37.38	44.01	19.33	670.90	19.80	180.40	48.60
	金属制品	23.07	63.49	85.51	113.30	5.47	203.97	15.95

续表

产业	地区						
	浙江	安徽	福建	江西	山东	河南	湖北
通用设备	174.09	409.13	296.00	92.90	27.13	451.31	30.09
专用设备	19.00	52.40	1263.72	16.73	14.73	100.47	53.49
交通运输设备	7.26	217.16	138.64	42.97	8.73	77.99	1345.48
电气机械和器材	104.71	289.62	234.34	201.67	20.53	73.99	234.71
通信设备、计算机和其他电子设备	38.46	1120.74	118.42	191.77	30.87	277.73	610.44
仪器仪表	5.22	44.60	66.26	3.20	4.32	153.47	12.19
其他制造产品	1.15	0.82	34.85	5.54	4.70	14.72	1.89
废品废料	0.56	11.36	26.46	2.28	1.22	41.62	2.08
金属制品、机械和设备修理服务	15.77	82.27	312.57	227.76	59.54	289.82	793.56
电力、热力的生产和供应	14.76	86.50	31.17	83.25	608.35	370.25	215.11
燃气生产和供应	0.74	0.57	10.68	10.73	0.86	81.68	2.52
水的生产和供应	2.50	4.08	196.57	1.46	25.87	77.70	281.59
建筑	49.21	168.27	932.23	871.59	585.55	209.24	273.79
批发和零售	12.48	53.81	350.40	55.88	206.50	481.52	34.13
交通运输、仓储和邮政	63.95	48.49	58.09	31.41	1.01	39.49	178.68

续表

产业	地区						
	浙江	安徽	福建	江西	山东	河南	湖北
住宿和餐饮	1.22	11.94	2.94	136.20	30.93	40.47	352.06
信息传输、软件和信息技术服务	23.82	155.79	214.48	16.88	0.17	301.56	119.65
金融	95.74	22.95	47.03	17.07	25.84	30.28	84.01
房地产	23.93	37.03	138.39	18.65	70.04	34.24	24.62
租赁和商务服务	1.33	106.46	66.75	2.39	24.69	378.62	155.07
科学研究和技术服务	8.06	37.51	48.00	7.34	272.35	165.34	69.22
水利、环境和公共设施管理	3.43	1.35	20.16	3.11	49.33	6.78	2.29
居民服务、修理和其他服务	4.81	1.03	138.61	12.84	6.59	185.14	17.68
教育	13.52	7.51	19.32	1.14	28.64	96.52	32.32
卫生和社会工作	7.43	14.92	331.20	41.86	165.63	246.12	3.15
文化、体育和娱乐	11.41	0.73	22.19	13.42	3.46	6.70	18.16
公共管理、社会保障和社会组织	39.41	6.40	19.82	88.26	965.92	470.76	17.41

产业	地区						
	湖南	广东	广西	海南	重庆	四川	贵州
农林牧渔产品和服务	211.37	7.36	147.90	955.70	1.72	143.48	841.79
煤炭采选产品	392.70	3200.69	5.18	0.02	18.40	30.58	174.71
石油和天然气开采产品	7.13	2.16	112.53	0.92	0.10	1.27	0.40
金属矿采选产品	8.21	0.23	12.67	70.79	0.58	0.82	21.39
非金属矿和其他矿采选产品	22.52	1.01	12.24	4.14	0.67	2.06	98.15
食品和烟草	382.27	21.12	258.16	942.76	82.79	375.89	290.00
纺织品	60.41	0.01	24.70	18.11	11.16	25.77	5.85
纺织服装鞋帽皮革羽绒及其制品	78.56	15.56	61.35	3.13	14.96	16.94	13.37
木材加工品和家具	80.02	13.95	238.32	84.06	3.21	11.84	33.05
造纸印刷和文教体育用品	75.70	19.09	71.51	319.06	1.38	0.72	9.53
石油、炼焦产品和核燃料加工品	75.20	6.85	224.69	340.34	17.42	28.12	26.72
化学产品	288.07	56.39	225.41	313.59	31.53	2.46	1166.77
非金属矿物制品	167.81	25.37	66.78	254.98	11.20	4.59	56.25
金属冶炼和压延加工品	259.55	21.94	647.67	0.32	17.74	45.97	144.59
金属制品	120.88	29.39	84.85	0.10	7.80	22.55	29.37

续表

	产业	湖南	广东	广西	海南	重庆	四川	贵州
	通用设备	9.50	11.14	162.72	23.91	55.44	10.58	11.59
	专用设备	36.15	9.22	61.66	4.50	14.08	28.28	12.60
	交通运输设备	180.76	158.61	1842.71	163.59	135.32	244.48	59.04
	电气机械和器材	23.89	38.05	421.94	115.73	3.72	78.93	26.96
	通信设备、计算机和其他电子设备	511.01	87.92	1003.30	7.03	1024.72	1472.33	18.54
	仪器仪表	33.80	0.19	4.82	6.81	4.19	12.12	2.58
	其他制造产品	22.26	1.66	22.98	1.56	0.36	0.60	16.58
	废品废料	12.83	0.78	14.17	0.11	0.04	0.15	5.68
	金属制品、机械和设备修理服务	566.36	0.43	59.31	70.63	48.79	83.37	80.94
	电力、热力的生产和供应	176.73	9.05	157.57	622.27	17.22	20.72	107.50
	燃气生产和供应	4.09	2.40	7.10	7.42	7.13	0.02	9.65
	水的生产和供应	130.06	1.47	151.01	5.99	0.91	15.50	44.75
	建筑	941.77	92.64	921.87	1703.87	121.88	160.98	547.29
	批发和零售	26.66	88.78	122.29	58.06	6.53	102.01	80.55
	交通运输、仓储和邮政	52.30	66.71	597.99	2517.31	2.70	63.92	231.90

续表

产业		湖南	广东	广西	海南	重庆	四川	贵州
	住宿和餐饮	38.20	9.52	251.63	28.73	41.82	196.60	6.58
	信息传输、软件和信息技术服务	414.75	36.97	338.97	565.24	81.16	286.48	19.45
	金融	274.24	30.18	244.71	1.17	14.26	113.86	84.82
	房地产	18.60	23.74	87.58	108.65	5.69	63.93	39.58
	租赁和商务服务	9.64	53.15	158.11	174.26	6.86	86.99	71.36
	科学研究和技术服务	44.35	22.06	49.06	94.57	30.69	69.68	45.46
	水利、环境和公共设施管理	1.98	3.88	20.80	16.97	1.22	9.42	2.56
	居民服务、修理和其他服务	31.90	7.17	182.08	98.36	9.62	77.42	2.75
	教育	30.00	8.67	40.96	91.28	0.91	37.14	16.90
	卫生和社会工作	53.23	6.64	104.89	191.69	14.90	2.37	100.10
	文化、体育和娱乐	19.14	1.37	14.01	119.57	2.12	26.18	14.77
	公共管理、社会保障和社会组织	154.28	5.14	120.78	22.65	21.13	50.79	63.15

165

产业	云南	陕西	甘肃	青海	宁夏	新疆
农林牧渔产品和服务	249.23	74.76	439.22	2079.77	12.74	13.07
煤炭采选产品	301.80	103.43	28.44	15.36	40.82	69.03
石油和天然气开采产品	2.00	74.91	6.23	33.76	0.07	45.08
金属矿采选产品	74.16	84.95	21.62	1.19	1.63	20.00
非金属矿和其他矿采选产品	35.73	53.56	10.06	12.08	1.52	5.53
食品和烟草	709.98	43.31	14.20	2363.77	40.45	13.58
纺织品	0.82	50.41	4.06	72.49	6.70	78.38
纺织服装鞋帽皮革羽绒及其制品	4.19	0.78	10.51	10.83	0.95	4.35
木材加工品和家具	5.77	26.10	11.18	5.09	0.93	6.96
造纸印刷和文教体育用品	74.18	91.92	19.52	36.50	2.47	0.01
石油、炼焦产品和核燃料加工品	103.11	0.12	21.44	9.03	117.67	108.31
化学产品	44.75	904.80	230.87	772.95	55.56	200.95
非金属矿物制品	17.46	871.74	53.34	84.47	40.35	142.32
金属冶炼和压延加工品	458.13	840.95	2813.45	205.09	5.29	52.02
金属制品	99.41	133.04	204.72	3.43	4.33	6.41

地区

续表

产业		地区						
		云南	陕西	甘肃	青海	宁夏	新疆
	通用设备	42.10	749.64	62.73	2.64	22.79	36.87
	专用设备	54.96	435.10	4.31	3.56	9.47	64.35
	交通运输设备	114.16	21.16	84.08	14.18	4.39	91.48
	电气机械和器材	97.33	1441.72	194.70	75.17	5.39	277.75
	通信设备、计算机和其他电子设备	55.55	539.02	27.68	7.83	0.03	35.98
	仪器仪表	24.41	27.52	17.81	0.40	6.60	1.13
	其他制造产品	9.88	6.84	2.82	0.62	1.48	0.07
	废品废料	8.07	74.76	0.65	0.33	1.30	0.38
	金属制品、机械和设备修理服务	70.13	1392.79	124.72	759.62	23.18	50.21
	电力、热力的生产和供应	1140.77	76.97	28.99	611.79	0.59	518.53
	燃气生产和供应	8.24	22.73	0.84	0.79	9.35	1.21
	水的生产和供应	3.63	117.96	30.34	15.31	0.01	3.09
	建筑	7742.16	493.68	834.90	782.46	458.38	2164.05
	批发和零售	920.39	57.20	222.17	73.78	2.64	49.49
	交通运输、仓储和邮政	266.56	603.71	162.50	62.24	81.80	549.41

续表

产业	地区					
	云南	陕西	甘肃	青海	宁夏	新疆
住宿和餐饮	353.70	71.86	885.75	769.18	3.64	28.87
信息传输、软件和信息技术服务	570.62	105.95	352.32	45.53	37.94	229.19
金融	410.54	62.40	157.64	22.77	21.58	27.46
房地产	77.95	111.04	14.05	29.94	5.99	37.97
租赁和商务服务	470.07	151.64	37.82	11.35	21.42	168.72
科学研究和技术服务	125.46	2214.33	109.99	35.87	0.27	64.25
水利、环境和公共设施管理	92.84	27.64	20.03	47.17	2.67	22.08
居民服务、修理和其他服务	57.22	73.43	37.82	19.31	0.31	394.81
教育	282.02	178.64	23.78	5.32	54.62	25.24
卫生和社会工作	264.78	333.67	124.16	244.36	97.36	89.30
文化、体育和娱乐	27.08	19.50	5.53	0.13	1.84	16.85
公共管理、社会保障和社会组织	883.61	167.09	30.23	93.50	97.51	23.74

附表 9　2012 年京津冀地区隐含在 5 种消费类别中的黑碳排放（单位：g）

地区	消费					隐含黑碳排放总量	直接黑碳排放总量
	农村居民消费支	城镇居民消费	政府消费	固定资本形成	存货增加		
北京	3.10E+08	4.21E+09	1.91E+09	6.10E+09	4.30E+08	1.30E+10	6.51E+09
天津	2.20E+08	2.06E+09	8.10E+08	1.01E+10	5.50E+08	1.38E+10	1.17E+10
石家庄	3.80E+08	1.16E+09	4.20E+08	4.82E+09	2.10E+08	7.00E+09	1.18E+10
廊坊	2.00E+08	4.10E+08	1.60E+08	1.19E+09	−3.00E+07	1.94E+09	2.34E+09
唐山	4.90E+08	9.70E+08	4.10E+08	3.99E+09	6.90E+08	6.55E+09	1.26E+10
保定	3.80E+08	6.30E+08	1.60E+08	2.68E+09	2.00E+08	4.04E+09	2.42E+09
邯郸	6.80E+08	1.33E+09	2.00E+08	8.30E+08	4.30E+08	3.47E+09	7.70E+09
沧州	3.70E+08	6.20E+08	2.80E+08	1.94E+09	3.20E+08	3.53E+09	6.11E+09
邢台	4.20E+08	7.70E+08	1.70E+08	1.48E+09	3.00E+08	3.14E+09	9.72E+09
张家口	1.10E+08	3.10E+08	9.00E+07	1.27E+09	1.00E+08	1.88E+09	2.68E+09
承德	1.50E+08	2.40E+08	1.40E+08	1.14E+09	1.70E+08	1.84E+09	2.87E+09
秦皇岛	1.40E+08	2.80E+08	1.00E+08	9.40E+08	1.70E+08	1.64E+09	3.61E+09
衡水	1.20E+08	2.30E+08	6.00E+07	3.50E+08	1.00E+07	7.70E+08	8.80E+08

附表10 2017年京津冀地区隐含在5种消费类别中的黑碳排放（单位：g）

地区	消费					隐含黑碳排放总量	直接黑碳排放总量
	农村居民消费支	城镇居民消费	政府消费	固定资本形成	存货增加		
北京	4.19E+08	3.11E+09	2.39E+09	7.55E+09	3.89E+08	1.39E+10	1.06E+10
天津	2.76E+08	7.00E+08	5.84E+08	6.74E+09	7.96E+06	8.30E+09	7.32E+09
石家庄	4.82E+08	1.18E+09	1.21E+09	4.21E+09	2.80E+07	7.11E+09	1.01E+10
廊坊	1.98E+08	1.64E+09	5.92E+08	4.12E+09	9.17E+07	6.64E+09	6.92E+09
唐山	3.77E+08	8.51E+08	8.09E+08	3.51E+09	1.80E+07	5.57E+09	8.22E+09
保定	3.86E+08	9.73E+08	9.13E+08	2.13E+09	8.91E+06	4.41E+09	2.01E+09
邯郸	5.59E+08	1.25E+09	6.60E+08	1.83E+09	2.02E+07	4.31E+09	5.11E+09
沧州	3.51E+08	8.62E+08	6.19E+08	1.86E+09	1.22E+07	3.70E+09	5.21E+09
邢台	3.83E+08	8.78E+08	8.86E+08	1.29E+09	9.97E+06	3.45E+09	7.14E+09
张家口	1.31E+08	3.22E+08	3.09E+08	1.34E+09	7.72E+06	2.11E+09	1.07E+09
承德	1.18E+08	2.87E+08	2.02E+08	1.01E+09	3.43E+06	1.62E+09	1.07E+09
秦皇岛	1.29E+08	3.19E+08	4.19E+08	5.38E+08	8.68E+06	1.41E+09	1.66E+09
衡水	1.28E+08	3.05E+08	2.57E+08	3.85E+08	9.86E+06	1.08E+09	1.07E+09

附表 11　2012 年京津冀分产业隐含黑碳排放量（单位：g）

产业	地区					
	北京	天津	石家庄	唐山	秦皇岛	邯郸
农林牧渔产品和服务	1.98E+08	1.97E+08	1.90E+08	3.58E+08	6.72E+07	2.09E+08
煤炭采选产品	3.18E+07	2.21E+07	1.08E+07	1.28E+08	0.00E+00	1.66E+08
石油和天然气开采产品	6.67E+03	3.35E+06	0.00E+00	1.70E+07	0.00E+00	0.00E+00
金属矿采选产品	1.60E+06	-2.19E+06	2.73E+05	5.55E+06	2.31E+05	9.14E+04
非金属矿和其他矿采选产品	9.26E+06	4.11E+06	1.59E+05	1.37E+06	1.19E+07	2.07E+03
食品和烟草	4.04E+08	5.71E+08	5.53E+08	9.74E+07	1.73E+08	3.87E+08
纺织品	1.08E+07	2.75E+07	1.38E+08	6.18E+06	2.21E+06	5.44E+07
纺织服装鞋帽皮革羽绒及其制品	9.74E+07	9.47E+07	5.70E+08	1.13E+07	1.66E+07	1.46E+07
木材加工品和家具	2.65E+07	2.19E+07	1.05E+08	1.77E+07	1.79E+07	2.47E+07
造纸印刷和文教体育用品	4.28E+07	4.23E+07	7.15E+07	3.97E+07	2.19E+08	4.56E+06
石油、炼焦产品和核燃料加工品	2.43E+07	1.78E+08	5.94E+07	1.19E+08	3.32E+07	-9.22E+07
化学产品	8.73E+07	1.34E+08	3.59E+08	2.07E+08	2.62E+07	4.72E+07
非金属矿物制品	3.03E+07	3.00E+07	9.28E+07	5.82E+07	7.09E+07	3.33E+07
金属冶炼和压延加工品	4.41E+06	1.45E+08	4.62E+07	1.21E+08	1.21E+07	1.23E+08
金属制品	6.57E+07	1.27E+08	2.12E+08	1.36E+09	2.22E+07	3.45E+07

续表

产业	北京	天津	石家庄	唐山	秦皇岛	邯郸
通用、专用设备	3.93E+08	3.98E+08	6.10E+08	5.61E+08	1.13E+08	1.41E+08
交通运输设备	9.39E+08	6.40E+08	1.15E+08	2.23E+08	1.61E+08	2.41E+07
电气机械和器材	2.00E+08	2.41E+08	1.35E+08	1.05E+08	1.77E+07	4.95E+07
通信设备、计算机和其他电子设备	2.33E+08	1.09E+08	3.57E+07	1.63E+06	6.88E+06	9.14E+05
仪器仪表	1.51E+07	1.06E+07	8.70E+06	3.31E+06	4.12E+05	2.38E+06
其他制造产品	1.03E+07	2.36E+07	4.38E+06	2.49E+07	1.50E+06	1.87E+05
电力、热力的生产和供应	3.94E+07	1.87E+07	8.48E+07	9.60E+07	1.75E+07	9.97E+07
燃气、水的生产和供应	1.39E+07	7.86E+06	2.09E+06	9.51E+06	3.01E+05	8.80E+06
建筑	4.81E+09	5.68E+09	2.67E+09	1.19E+09	4.42E+08	6.98E+08
交通运输、仓储和邮政	5.46E+08	5.56E+08	1.81E+08	3.32E+08	7.09E+07	7.77E+08
批发和零售	3.94E+08	1.34E+08	1.56E+08	2.39E+08	4.82E+07	1.24E+08
住宿和餐饮	2.48E+08	2.53E+08	8.94E+07	1.49E+08	4.79E+07	6.96E+07
租赁和商务服务	1.16E+08	3.94E+07	2.76E+07	4.62E+07	1.27E+06	3.39E+07
科学研究和技术服务	7.10E+08	5.47E+08	1.41E+08	1.47E+08	2.59E+07	6.58E+07
其他服务业	3.42E+09	1.31E+09	6.73E+08	4.25E+08	2.12E+08	2.67E+08

		邢台	保定	张家口	承德	沧州	廊坊	衡水
					地区			
产业	农林牧渔产品和服务	3.07E+08	2.05E+08	1.01E+08	1.22E+08	3.15E+08	9.96E+07	1.39E+08
	煤炭采选产品	1.17E+08	2.52E+05	2.00E+07	1.55E+07	0.00E+00	0.00E+00	0.00E+00
	石油和天然气开采产品	0.00E+00	0.00E+00	0.00E+00	0.00E+00	2.68E+07	0.00E+00	0.00E+00
	金属矿采选产品	1.96E+06	6.23E+05	2.55E+06	2.91E+07	0.00E+00	0.00E+00	0.00E+00
	非金属矿和其他矿采选产品	1.59E+06	3.54E+05	-8.10E+06	1.35E+04	3.13E+05	6.68E+06	0.00E+00
	食品和烟草	2.91E+08	1.02E+08	1.00E+08	1.42E+08	9.61E+07	7.68E+07	4.07E+07
	纺织品	4.29E+07	5.50E+07	1.00E+06	5.86E+05	1.63E+07	6.09E+06	1.31E+07
	纺织服装鞋帽皮革羽绒及其制品	1.19E+08	1.01E+08	1.15E+06	9.78E+05	6.93E+07	2.16E+07	3.98E+07
	木材加工品和家具	4.54E+06	5.91E+06	1.15E+06	1.71E+06	1.63E+07	1.35E+08	6.81E+05
	造纸印刷和文教体育用品	3.73E+07	7.94E+07	2.47E+06	6.01E+05	2.31E+07	7.40E+07	2.59E+07
	石油、炼焦产品和核燃料加工品	2.20E+08	3.79E+07	1.37E+05	7.56E+07	3.17E+08	3.16E+05	0.00E+00
	化学产品	3.94E+08	7.66E+07	1.39E+07	1.22E+07	1.08E+08	1.07E+07	5.42E+07
	非金属矿物制品	4.37E+07	2.05E+07	6.24E+06	3.28E+07	2.12E+07	2.16E+07	2.73E+06
	金属冶炼和压延加工品	6.17E+07	3.96E+06	6.23E+07	1.85E+07	2.13E+07	1.42E+07	1.10E+06
	金属制品	2.50E+07	2.95E+07	4.28E+06	7.15E+06	9.76E+07	1.99E+08	4.54E+06

续表

产业	邢台	保定	张家口	承德	沧州	廊坊	衡水
通用、专用设备	5.13E+08	1.28E+08	1.49E+08	2.68E+07	3.64E+08	1.22E+08	7.52E+07
交通运输设备	2.97E+08	7.16E+07	1.38E+07	1.11E+07	1.97E+08	1.10E+08	7.83E+07
电气机械和器材	4.00E+08	6.57E+07	1.28E+07	4.24E+07	1.43E+08	1.86E+07	1.51E+07
通信设备、计算机和其他电子设备	3.14E+06	1.37E+06	1.28E+05	0.00E+00	1.42E+07	4.79E+07	3.34E+04
仪器仪表	0.00E+00	2.35E+04	0.00E+00	2.85E+06	1.24E+06	2.87E+05	1.55E+03
其他制造产品	4.87E+06	7.83E+05	3.30E+05	0.00E+00	3.06E+06	1.00E+08	3.64E+04
电力、热力的生产和供应	7.08E+07	1.59E+07	1.62E+08	3.85E+07	2.16E+07	3.64E+07	5.49E+07
燃气、水的生产和供应	1.01E+06	7.02E+05	1.49E+06	4.69E+07	9.09E+06	1.67E+07	7.56E+04
建筑	1.70E+08	1.49E+09	9.08E+08	3.34E+08	5.67E+08	5.34E+08	1.71E+08
交通运输、仓储和邮政	7.31E+07	1.73E+08	6.02E+07	4.23E+07	1.28E+08	9.53E+07	3.01E+07
批发和零售	2.05E+07	8.36E+07	1.24E+08	4.44E+07	2.46E+08	2.49E+08	1.90E+07
住宿和餐饮	5.07E+07	6.94E+07	2.27E+07	2.19E+07	3.62E+07	1.05E+07	1.49E+07
租赁和商务服务	1.21E+07	9.35E+06	3.39E+06	1.00E+07	7.37E+07	1.88E+07	-4.61E+05
科学研究和技术服务	3.35E+07	1.73E+08	3.89E+06	2.08E+07	5.83E+07	5.52E+07	7.60E+06
其他服务业	2.02E+08	2.69E+08	1.58E+08	1.34E+08	3.66E+08	1.87E+08	1.08E+08

附表12　2017年京津冀分产业隐含黑碳排放量（单位：g）

产业		地区					
		北京	天津	石家庄	唐山	秦皇岛	邯郸
产业	煤炭采选产品	9.75E+06	2.73E+07	3.05E+04	8.40E+06	8.93E+04	9.84E+04
	石油和天然气开采产品	6.05E+06	1.11E+03	1.11E+02	3.99E+04	0.00E+00	0.00E+00
	金属矿采选产品	7.68E+03	4.41E+03	5.01E+05	8.53E+06	9.03E+03	1.74E+05
	非金属矿和其他矿采选产品	8.46E+04	2.85E+04	5.05E+03	5.04E+04	8.32E+02	3.68E+02
	食品和烟草	2.75E+08	4.86E+08	3.80E+08	3.82E+08	2.07E+05	1.28E+08
	纺织品	1.47E+06	3.89E+05	9.61E+05	2.96E+06	1.54E+06	3.17E+07
	纺织服装鞋帽皮革羽绒及其制品	6.25E+07	4.11E+07	2.68E+09	1.67E+06	9.46E+06	4.69E+07
	木材加工品和家具	7.94E+06	1.08E+07	1.71E+07	1.03E+07	6.52E+05	8.97E+05
	造纸印刷和文教体育用品	6.31E+07	5.41E+07	2.68E+07	7.21E+06	9.31E+05	1.18E+06
	石油、炼焦产品和核燃料加工品	1.65E+08	2.06E+08	7.37E+07	8.05E+08	3.89E+07	3.51E+07
	化学产品	5.90E+07	8.66E+06	2.81E+08	1.26E+08	3.54E+06	9.33E+06
	非金属矿物制品	3.28E+06	1.98E+07	7.35E+06	9.20E+07	8.71E+05	8.03E+06
	金属冶炼和压延加工品	6.59E+06	1.68E+07	3.53E+04	2.26E+06	1.35E+05	7.23E+05
	金属制品	1.55E+06	8.68E+06	8.05E+07	1.65E+08	2.40E+08	9.68E+06
	通用设备	4.82E+08	3.83E+08	2.86E+07	3.79E+07	7.95E+07	1.22E+09

续表

产业	地区					
	北京	天津	石家庄	唐山	秦皇岛	邯郸
专用设备	6.47E+07	1.03E+07	2.64E+07	9.75E+06	1.27E+08	5.52E+07
交通运输设备	7.56E+08	2.71E+08	1.66E+06	1.60E+09	1.07E+06	2.53E+08
电气机械和器材	5.56E+08	2.98E+08	4.31E+07	2.65E+07	2.64E+06	7.19E+07
通信设备、计算机和其他电子设备	4.36E+08	2.09E+08	4.49E+06	1.13E+07	4.88E+05	1.78E+04
仪器仪表	7.90E+05	4.17E+06	6.35E+05	1.21E+05	1.71E+05	1.71E+05
其他制造产品	2.69E+05	1.07E+07	8.98E+04	8.87E+02	2.60E+02	1.31E+05
废品废料	1.28E+05	1.07E+07	7.23E+03	3.24E+04	1.88E+01	5.42E+03
金属制品、机械和设备修理服务	4.43E+07	1.77E+07	6.34E+01	1.18E+03	1.45E+02	0.00E+00
电力、热力的生产和供应	4.44E+07	2.58E+04	1.09E+07	3.22E+08	2.61E+05	4.70E+07
燃气生产和供应	5.18E+07	3.15E+05	9.47E+05	7.26E+06	9.53E+04	5.22E+04
水的生产和供应	2.93E+05	2.26E+05	1.10E+04	2.51E+05	4.78E+03	7.71E+03
建筑	4.00E+09	3.72E+09	2.32E+09	1.29E+09	1.13E+09	9.64E+08
批发和零售	1.03E+09	6.12E+08	9.68E+07	5.51E+07	2.80E+07	1.72E+08
交通运输、仓储和邮政	5.58E+08	1.83E+05	1.30E+08	3.80E+08	5.03E+08	1.94E+08
住宿和餐饮	3.35E+08	2.12E+06	4.65E+06	1.84E+06	1.51E+07	1.18E+07

续表

产业	地区					
		北京	天津	石家庄	唐山	秦皇岛	邯郸
	信息传输、软件和信息技术服务	9.06E+08	4.13E+05	1.10E+08	1.89E+08	1.04E+07	6.74E+05
	金融	2.89E+06	6.27E+05	7.90E+07	4.23E+06	6.72E+07	8.40E+06
	房地产	3.83E+08	5.11E+08	6.11E+07	1.49E+08	2.09E+09	3.84E+06
	租赁和商务服务	1.34E+08	4.69E+04	6.40E+06	2.91E+06	2.29E+07	1.56E+05
	科学研究和技术服务	2.52E+08	1.53E+06	1.91E+05	8.77E+05	4.28E+06	2.18E+06
	水利、环境和公共设施管理	7.23E+06	2.70E+07	9.99E+05	6.78E+05	5.87E+06	1.27E+06
	居民服务、修理和其他服务	1.13E+06	2.14E+07	2.56E+07	5.21E+05	9.76E+07	1.41E+07
	教育	1.63E+09	1.11E+08	1.92E+07	7.93E+06	7.87E+06	2.24E+07
	卫生和社会工作	5.81E+08	3.29E+08	1.49E+08	4.70E+08	1.24E+08	5.19E+08
	文化、体育和娱乐	7.08E+07	2.20E+08	5.85E+05	5.73E+04	1.33E+06	9.04E+05
	公共管理、社会保障和社会组织	7.41E+08	6.46E+08	5.86E+08	6.55E+07	9.57E+08	9.94E+07

产业	地区						
	邢台	保定	张家口	承德	沧州	廊坊	衡水
农林牧渔产品和服务	6.22E+08	6.12E+08	3.23E+07	6.39E+07	2.72E+07	1.82E+07	2.15E+08
煤炭采选产品	3.25E+04	3.18E+03	2.31E+05	4.75E+03	0.00E+00	0.00E+00	1.25E+06
石油和天然气开采产品	0.00E+00	0.00E+00	4.79E+03	3.56E+03	2.95E+04	0.00E+00	0.00E+00
金属矿采选产品	1.84E+05	4.20E+05	2.45E+05	4.95E+05	0.00E+00	0.00E+00	0.00E+00
非金属矿和其他矿采选产品	7.98E+03	8.67E+04	8.27E+03	1.02E+04	2.42E+02	0.00E+00	0.00E+00
食品和烟草	3.42E+06	7.96E+07	8.07E+07	3.98E+06	1.63E+07	2.83E+08	8.61E+07
纺织品	8.49E+06	1.72E+08	1.35E+07	3.49E+06	3.96E+06	4.56E+04	1.86E+05
纺织服装鞋帽皮革羽绒及其制品	2.73E+08	3.07E+08	1.53E+08	1.92E+08	2.81E+07	9.94E+06	4.15E+05
木材加工品和家具	4.59E+05	6.58E+05	1.11E+06	1.59E+07	5.44E+06	1.88E+07	1.18E+05
造纸印刷和文教体育用品	1.10E+07	3.26E+06	2.70E+06	2.94E+05	3.31E+05	5.99E+06	1.42E+05
石油、炼焦产品和核燃料加工品	4.55E+06	9.91E+03	4.22E+06	2.29E+05	2.35E+06	1.61E+03	4.05E+05
化学产品	5.01E+06	1.04E+08	1.66E+08	7.38E+05	1.65E+06	4.50E+07	7.99E+06
非金属矿物制品	3.19E+06	1.89E+07	8.01E+06	1.76E+06	6.47E+04	2.55E+06	1.26E+06
金属冶炼和压延加工品	3.63E+06	4.95E+07	3.18E+05	5.95E+05	4.07E+04	6.19E+06	1.80E+07
金属制品	5.01E+06	6.76E+06	2.02E+07	5.24E+06	1.03E+06	1.95E+08	4.48E+07

续表

产业		邢台	保定	张家口	地区 承德	沧州	廊坊	衡水
产业	通用设备	3.76E+08	2.18E+08	1.42E+07	1.20E+05	2.71E+05	1.34E+08	5.43E+06
	专用设备	2.37E+07	1.22E+07	3.20E+07	3.25E+06	2.30E+06	3.91E+07	4.71E+06
	交通运输设备	1.96E+09	1.14E+07	3.26E+08	2.05E+06	1.03E+07	7.02E+07	4.03E+06
	电气机械和器材	3.38E+08	3.36E+08	1.81E+07	1.56E+08	8.77E+07	3.67E+07	1.67E+06
	通信设备、计算机和其他电子设备	3.01E+05	4.63E+05	9.42E+04	6.25E+08	6.18E+08	5.15E+07	1.30E+05
	仪器仪表	6.65E+04	1.79E+05	1.46E+05	8.57E+07	1.31E+07	8.54E+05	1.56E+04
	其他制造产品	1.85E+05	1.37E+05	3.75E+04	3.64E+06	1.48E+05	1.23E+04	2.30E+03
	废品废料	8.51E+04	2.50E+05	8.70E+02	1.62E+04	1.39E+03	1.10E+02	4.64E+02
	金属制品、机械和设备修理服务	0.00E+00	1.46E+01	2.65E+02	2.28E+01	2.15E+01	0.00E+00	0.00E+00
	电力、热力的生产和供应	3.90E+06	7.40E+07	4.83E+07	2.28E+06	1.12E+07	7.47E+06	2.81E+06
	燃气生产和供应	6.37E+05	1.78E+06	1.77E+05	3.06E+05	2.07E+06	1.34E+05	9.93E+04
	水的生产和供应	3.96E+04	9.08E+04	1.26E+04	8.66E+04	5.83E+03	3.14E+03	3.98E+03
	建筑	2.94E+08	9.29E+08	1.37E+09	6.55E+08	5.18E+08	2.24E+08	3.39E+08
	批发和零售	8.12E+06	2.75E+06	7.54E+07	1.43E+05	4.19E+06	7.17E+06	5.68E+07
	交通运输、仓储和邮政	7.67E+07	2.26E+08	2.06E+08	8.31E+04	5.74E+07	5.47E+07	8.72E+07

续表

产业	地区						
	邢台	保定	张家口	承德	沧州	廊坊	衡水
住宿和餐饮	7.87E+05	1.80E+06	1.02E+07	7.46E+06	1.19E+06	9.51E+05	9.81E+05
信息传输、软件和信息技术服务	7.60E+05	1.50E+08	1.25E+08	1.77E+05	1.16E+06	1.89E+06	2.67E+06
金融	2.83E+06	5.32E+06	2.43E+07	3.70E+00	7.08E+06	1.54E+07	1.40E+07
房地产	2.12E+08	2.38E+08	1.14E+08	3.36E+06	1.60E+08	1.36E+08	1.03E+08
租赁和商务服务	3.63E+05	4.48E+05	4.52E+06	8.77E+04	4.30E+05	1.20E+06	7.89E+05
科学研究和技术服务	3.09E+06	1.99E+06	3.03E+07	1.68E+06	6.73E+06	1.50E+06	5.86E+04
水利、环境和公共设施管理	2.15E+05	7.34E+04	2.44E+06	2.83E+07	8.65E+04	4.24E+03	4.84E+04
居民服务、修理和其他服务	8.90E+05	1.01E+07	5.76E+07	2.76E+05	4.65E+06	7.85E+06	1.76E+06
教育	4.10E+06	8.31E+06	6.45E+07	1.96E+08	5.34E+05	2.39E+06	4.25E+06
卫生和社会工作	1.62E+06	3.38E+07	1.84E+08	3.20E+07	4.15E+06	1.93E+06	3.98E+05
文化、体育和娱乐	4.08E+04	1.74E+04	3.58E+05	1.65E+07	4.78E+04	4.72E+04	8.59E+05
公共管理、社会保障和社会组织	6.22E+07	8.80E+07	2.54E+08	4.97E+06	1.84E+07	3.44E+07	7.80E+07

附表 13　2012 年中国各省市隐含在 5 种消费类别中的黑碳排放（单位：g）

	农村居民消费	城镇居民消费	政府消费	固定资本 形成总额	存货增加
北京	3.12E+08	4.21E+09	1.91E+09	6.10E+09	4.25E+08
天津	2.21E+08	2.06E+09	8.09E+08	1.01E+10	5.50E+08
河北	3.44E+09	6.93E+09	2.19E+09	2.06E+10	2.58E+09
山西	2.29E+09	5.03E+09	2.91E+09	1.76E+10	2.47E+09
内蒙	7.89E+08	2.47E+09	1.49E+09	1.19E+10	5.98E+08
辽宁	1.74E+09	8.79E+09	2.59E+09	1.99E+10	6.76E+08
吉林	1.55E+09	4.27E+09	2.68E+09	2.53E+10	3.61E+08
黑龙江	1.29E+09	3.89E+09	2.56E+09	1.28E+10	4.53E+08
上海	4.52E+08	8.43E+09	1.70E+09	4.43E+09	6.37E+08
江苏	2.16E+09	6.17E+09	4.56E+09	1.43E+10	5.24E+08
浙江	1.88E+09	7.03E+09	1.23E+09	1.34E+10	6.61E+08
安徽	1.86E+09	4.37E+09	1.59E+09	1.22E+10	7.25E+08
福建	8.04E+08	2.53E+09	4.69E+08	7.54E+09	7.94E+08
江西	1.52E+09	3.12E+09	1.27E+09	7.96E+09	2.82E+08
山东	1.10E+09	2.94E+09	1.47E+09	1.06E+10	1.33E+09
河南	4.18E+09	9.82E+09	5.03E+09	3.15E+10	6.27E+08
湖北	1.79E+09	4.77E+09	3.56E+09	1.21E+10	7.13E+08
湖南	3.28E+09	7.83E+09	2.43E+09	2.07E+10	1.05E+09
广东	1.85E+09	1.07E+10	1.40E+09	1.43E+10	4.17E+08
广西	2.25E+09	5.37E+09	1.91E+09	2.03E+10	8.69E+08
海南	5.00E+08	1.31E+09	9.27E+08	4.82E+09	1.05E+08
重庆	5.46E+08	2.37E+09	6.26E+08	5.95E+09	3.39E+08

续表

	农村居民消费	城镇居民消费	政府消费	固定资本 形成总额	存货增加
四川	2.34E+09	4.06E+09	1.72E+09	1.07E+10	3.38E+08
贵州	2.14E+09	3.74E+09	1.47E+09	1.05E+10	2.79E+08
云南	2.10E+09	3.97E+09	2.74E+09	1.24E+10	6.93E+08
陕西	1.18E+09	3.62E+09	2.10E+09	1.29E+10	2.95E+08
甘肃	1.63E+09	2.85E+09	1.89E+09	8.06E+09	9.05E+08
青海	3.84E+08	8.87E+08	6.97E+08	6.51E+09	−5.87E+08
宁夏	2.23E+08	6.61E+08	3.81E+08	2.13E+09	2.10E+08
新疆	4.50E+08	1.06E+09	1.03E+09	5.93E+09	2.61E+08

附表14 2017年中国各省市隐含在5种消费类别中的黑碳排放（单位：g）

	农村居民 消费	城镇居民 消费	政府消费	固定资本 形成总额	存货增加	总量
北京	4.19E+08	3.11E+09	2.39E+09	7.55E+09	3.89E+08	1.39E+10
天津	2.76E+08	7.00E+08	5.84E+08	6.74E+09	7.96E+06	8.30E+09
河北	3.24E+09	8.87E+09	6.88E+09	2.22E+10	2.19E+08	4.14E+10
山西	1.52E+09	6.08E+09	3.60E+09	1.36E+10	2.50E+07	2.48E+10
内蒙古	1.03E+09	5.69E+09	6.63E+09	1.81E+10	2.26E+08	3.17E+10
辽宁	1.75E+09	5.24E+09	1.86E+09	5.41E+09	1.94E+08	1.45E+10
吉林	3.73E+09	5.83E+09	3.59E+09	1.53E+10	5.65E+07	2.85E+10
黑龙江	1.16E+09	4.18E+09	4.74E+09	1.00E+10	3.39E+08	2.05E+10
上海	7.74E+08	1.80E+09	2.23E+09	7.55E+09	1.67E+08	1.25E+10
江苏	5.82E+08	5.29E+09	4.82E+09	1.53E+10	2.49E+08	2.63E+10
浙江	9.21E+08	1.84E+09	2.86E+09	8.88E+09	1.31E+08	1.46E+10

续表

	农村居民消费	城镇居民消费	政府消费	固定资本形成总额	存货增加	总量
安徽	4.09E+08	9.25E+08	1.22E+09	2.57E+09	4.16E+07	5.16E+09
福建	2.05E+08	8.67E+08	8.23E+08	2.55E+09	2.56E+07	4.47E+09
江西	8.25E+08	3.62E+09	2.86E+09	1.32E+10	1.90E+08	2.07E+10
山东	3.43E+08	3.11E+09	3.16E+09	1.03E+10	1.54E+08	1.70E+10
河南	2.22E+09	9.65E+09	9.60E+09	3.01E+10	1.47E+09	5.30E+10
湖北	2.64E+08	3.13E+09	1.90E+09	6.92E+09	6.00E+07	1.23E+10
湖南	1.70E+09	8.27E+09	6.47E+09	1.73E+10	1.91E+08	3.40E+10
广东	6.42E+08	4.05E+09	6.11E+09	1.49E+10	2.14E+08	2.59E+10
广西	7.77E+08	4.04E+09	6.29E+09	2.16E+10	2.44E+08	3.29E+10
海南	1.09E+08	1.18E+09	6.46E+08	1.97E+09	2.56E+07	3.94E+09
重庆	2.69E+08	2.54E+09	2.18E+09	5.13E+09	8.43E+07	1.02E+10
四川	6.61E+08	9.46E+09	4.86E+09	1.66E+10	1.15E+09	3.28E+10
贵州	4.41E+08	3.82E+09	5.73E+09	1.05E+10	9.95E+07	2.06E+10
云南	1.47E+09	4.06E+09	4.29E+09	1.09E+10	1.29E+08	2.08E+10
陕西	9.27E+08	2.96E+09	3.84E+09	7.71E+09	3.33E+08	1.58E+10
甘肃	1.14E+09	5.72E+09	3.51E+09	1.20E+10	1.59E+08	2.26E+10
青海	3.39E+08	1.43E+09	1.59E+09	2.71E+09	2.78E+07	6.10E+09
宁夏	5.05E+08	1.88E+09	1.48E+09	4.15E+09	3.08E+08	8.32E+09
新疆	2.09E+08	9.43E+08	7.30E+08	3.09E+09	2.13E+07	4.99E+09

附表 15　2012 年中国各省市分产业隐含黑碳排放量（单位：g）

产业	地区						
	山西	内蒙古	辽宁	吉林	黑龙江	上海	江苏
农林牧渔产品和服务	2.64E+09	6.50E+08	1.62E+09	8.76E+08	1.24E+09	2.78E+09	3.47E+08
煤炭采选产品	1.74E+09	2.56E+08	1.55E+08	1.71E+07	3.44E+07	0.00E+00	4.29E+06
石油和天然气开采产品	3.14E+07	5.24E+05	−1.07E+05	2.51E+07	3.58E+06	8.64E+06	6.80E+03
金属矿采选产品	4.15E+07	1.57E+07	2.91E+07	5.83E+06	2.79E+06	0.00E+00	5.50E+05
非金属矿和其他矿采选产品	8.83E+06	1.31E+06	8.73E+06	9.55E+05	9.10E+06	0.00E+00	1.80E+06
食品和烟草	1.28E+09	1.07E+09	2.58E+09	1.92E+09	2.14E+09	8.95E+08	7.80E+08
纺织品	5.72E+07	7.94E+07	2.40E+07	2.93E+07	3.93E+07	2.23E+07	1.98E+08
纺织服装鞋帽皮革羽绒及其制品	8.36E+07	5.16E+07	3.29E+08	2.00E+08	3.41E+07	9.47E+07	7.90E+08
木材加工品和家具	6.52E+07	9.92E+07	4.60E+08	4.53E+08	4.41E+08	4.97E+07	2.13E+08
造纸印刷和文教体育用品	8.15E+07	2.80E+07	5.49E+07	2.70E+07	5.57E+07	1.43E+08	1.72E+08
石油、炼焦产品和核燃料加工品	5.49E+08	3.07E+08	2.31E+08	3.07E+07	3.56E+07	4.09E+08	2.52E+08
化学产品	5.37E+08	2.80E+08	3.51E+08	5.90E+08	2.49E+08	2.59E+08	3.57E+08
非金属矿物制品	−6.95E+07	4.03E+07	2.13E+08	1.42E+08	1.19E+08	3.37E+07	3.80E+07
金属冶炼和压延加工品	1.02E+09	1.52E+08	3.01E+07	5.39E+07	2.91E+07	7.89E+06	−5.49E+06
金属制品	3.41E+08	9.40E+07	4.76E+08	3.41E+08	1.63E+08	1.57E+08	4.95E+08

续表

		地区						
产业		山西	内蒙古	辽宁	吉林	黑龙江	上海	江苏
	通用、专用设备	1.07E+09	3.47E+08	4.23E+09	3.89E+09	1.55E+09	9.09E+08	3.44E+09
	交通运输设备	4.75E+08	2.77E+08	2.07E+09	4.21E+09	6.66E+08	1.31E+09	3.75E+09
	电气机械和器材	1.91E+08	1.25E+08	1.11E+09	3.13E+08	1.42E+08	3.48E+08	4.03E+09
	通信设备、计算机和其他电子设备	4.37E+08	1.90E+07	3.15E+08	5.06E+07	1.94E+07	1.13E+08	9.91E+08
	仪器仪表	3.63E+07	5.69E+05	4.82E+07	4.16E+07	1.47E+07	2.79E+07	4.86E+08
	其他制造产品	1.87E+08	5.37E+07	1.48E+07	4.36E+06	1.15E+07	6.03E+06	2.51E+07
	电力、热力的生产和供应	1.70E+08	8.63E+07	2.14E+08	2.09E+08	1.88E+08	1.27E+08	3.08E+08
	燃气、水的生产和供应	5.02E+07	6.40E+06	7.97E+07	4.62E+07	4.08E+07	7.86E+07	3.68E+07
	建筑	1.11E+10	4.18E+09	1.04E+10	1.02E+10	7.21E+09	4.07E+09	1.12E+10
	交通运输、仓储和邮政	1.90E+09	1.12E+09	2.09E+09	4.81E+09	1.25E+09	1.23E+09	2.60E+09
	批发和零售	4.31E+08	1.59E+08	2.78E+09	8.27E+08	6.13E+08	9.59E+08	9.43E+08
	住宿和餐饮	4.84E+08	6.09E+08	1.58E+09	3.61E+08	5.49E+08	9.30E+08	4.44E+08
	租赁和商务服务	2.37E+08	6.52E+07	1.22E+08	1.70E+08	7.21E+07	2.96E+08	2.62E+08
	科学研究和技术服务	1.02E+09	4.45E+08	6.51E+08	9.65E+08	7.56E+08	1.25E+09	1.00E+09
	其他服务业	1.80E+09	1.25E+09	4.35E+09	3.16E+09	2.11E+09	2.59E+09	3.93E+09

产业	地区						
	浙江	安徽	福建	江西	山东	河南	湖北
农林牧渔产品和服务	1.70E+09	1.34E+09	6.40E+08	9.75E+08	3.90E+09	1.29E+09	1.41E+09
煤炭采选产品	1.04E+07	8.19E+06	5.91E+07	3.96E+06	1.71E+07	3.16E+08	4.34E+07
石油和天然气开采产品	0.00E+00	0.00E+00	0.00E+00	0.00E+00	3.16E+06	1.09E+06	8.02E+05
金属矿采选产品	1.11E+05	1.26E+05	4.47E+06	1.39E+07	-3.20E+06	2.68E+07	1.32E+06
非金属矿和其他矿采选产品	3.84E+06	6.26E+06	1.20E+06	1.27E+07	5.21E+06	-6.55E+06	2.11E+07
食品和烟草	1.33E+09	1.61E+09	6.72E+08	7.64E+08	1.22E+09	3.28E+09	1.37E+09
纺织品	1.64E+08	2.38E+08	4.76E+07	1.63E+08	4.72E+07	3.45E+08	1.54E+08
纺织服装鞋帽皮革羽绒及其制品	9.72E+08	5.46E+08	4.67E+08	4.06E+08	1.04E+08	1.05E+09	4.39E+08
木材加工品和家具	1.34E+08	2.18E+08	1.08E+08	1.59E+08	1.25E+08	1.09E+09	1.10E+08
造纸印刷和文教体育用品	2.41E+08	9.66E+07	1.68E+08	1.23E+08	5.53E+07	3.74E+08	6.53E+07
石油、炼焦产品和核燃料加工品	1.79E+08	3.73E+07	6.21E+07	2.14E+07	8.37E+07	2.60E+08	1.95E+08
化学产品	5.23E+08	3.10E+08	1.75E+08	2.68E+08	1.74E+08	1.06E+09	6.82E+08
非金属矿物制品	2.39E+08	2.02E+08	2.49E+08	5.17E+08	6.09E+08	3.73E+08	7.94E+08
金属冶炼和压延加工品	-5.84E+06	2.40E+07	7.99E+07	6.38E+06	-9.94E+06	6.86E+07	3.30E+08
金属制品	4.83E+08	4.67E+08	1.47E+08	2.76E+08	4.80E+08	1.05E+09	4.74E+08

产业	地区						
	浙江	安徽	福建	江西	山东	河南	湖北
通用、专用设备	2.55E+09	1.86E+09	5.90E+08	5.10E+08	2.58E+09	6.93E+09	5.58E+08
交通运输设备	9.96E+08	1.60E+09	4.73E+08	5.81E+08	1.36E+09	3.14E+09	2.58E+09
电气机械和器材	5.98E+08	1.41E+09	3.57E+08	4.55E+08	9.72E+08	1.72E+09	4.39E+08
通信设备、计算机和其他电子设备	2.78E+08	2.06E+08	1.38E+08	7.44E+07	2.47E+08	5.86E+08	8.33E+07
仪器仪表	5.35E+07	3.61E+07	1.14E+07	3.54E+07	3.98E+07	2.56E+08	2.33E+07
其他制造产品	5.17E+07	3.33E+07	1.25E+07	5.81E+06	7.80E+06	1.04E+08	1.07E+07
电力、热力的生产和供应	3.12E+08	1.76E+08	3.12E+08	1.55E+08	8.81E+07	1.03E+09	2.68E+08
燃气、水的生产和供应	5.50E+07	2.70E+07	1.96E+07	2.58E+07	2.48E+07	2.15E+08	2.69E+07
建筑	1.01E+10	8.76E+09	6.01E+09	5.75E+09	4.67E+09	1.12E+10	6.44E+09
交通运输、仓储和邮政	1.03E+09	1.23E+09	8.65E+08	6.84E+08	1.10E+09	5.49E+09	4.36E+09
批发和零售	2.64E+08	3.69E+08	1.07E+08	7.62E+08	2.83E+08	1.55E+09	3.64E+08
住宿和餐饮	5.09E+08	3.53E+08	1.74E+08	1.32E+08	1.06E+08	1.45E+09	2.65E+08
租赁和商务服务	1.50E+08	6.60E+07	3.08E+07	3.72E+07	8.68E+07	5.47E+08	4.54E+07
科学研究和技术服务	2.17E+08	2.16E+08	8.14E+07	8.62E+07	8.92E+07	2.00E+09	1.79E+08
其他服务业	1.84E+09	2.53E+09	8.15E+08	1.15E+09	1.34E+09	6.52E+09	1.25E+09

产业	地区						
	湖南	广东	广西	海南	重庆	四川	贵州
农林牧渔产品和服务	2.17E+09	2.30E+09	1.35E+09	7.28E+08	5.27E+08	1.73E+09	1.97E+09
煤炭采选产品	1.03E+07	0.00E+00	3.40E+05	0.00E+00	2.60E+06	1.25E+08	1.70E+08
石油和天然气开采产品	0.00E+00	2.52E+05	0.00E+00	1.20E+04	5.55E+03	1.68E+06	0.00E+00
金属矿采选产品	8.55E+04	-9.96E+05	5.64E+06	1.60E+06	-1.90E+05	9.82E+05	4.76E+06
非金属矿和其他矿采选产品	2.33E+07	2.82E+06	8.55E+05	1.29E+05	1.80E+06	1.75E+06	7.77E+06
食品和烟草	2.35E+09	1.11E+09	1.35E+09	4.86E+08	4.13E+08	1.54E+09	1.30E+09
纺织品	3.83E+08	5.56E+07	1.73E+08	3.59E+06	5.86E+07	1.29E+08	1.30E+08
纺织服装鞋帽皮革羽绒及其制品	3.67E+08	3.58E+08	2.85E+08	1.03E+07	8.52E+07	1.32E+08	3.52E+07
木材加工品和家具	3.42E+08	2.13E+08	3.63E+08	2.83E+07	3.05E+07	1.57E+08	5.98E+07
造纸印刷和文教体育用品	2.14E+08	2.58E+08	3.59E+08	6.54E+07	4.20E+07	4.97E+07	7.15E+07
石油、炼焦产品和核燃料加工品	1.58E+08	2.15E+08	1.21E+08	3.12E+07	8.00E+06	4.67E+07	1.96E+08
化学产品	1.08E+09	8.10E+08	3.28E+08	1.46E+08	1.07E+08	2.83E+08	7.05E+08
非金属矿物制品	6.89E+08	4.52E+08	1.39E+08	4.92E+07	5.72E+07	2.17E+08	2.05E+08
金属冶炼和压延加工品	9.69E+07	4.86E+07	1.25E+08	5.75E+04	1.79E+07	8.58E+06	5.13E+07
金属制品	2.95E+08	9.97E+08	2.37E+08	7.31E+07	8.08E+07	1.29E+08	7.87E+07

续表

	地区						
产业	湖南	广东	广西	海南	重庆	四川	贵州
通用、专用设备	3.47E+09	7.67E+08	1.28E+09	3.10E+07	4.01E+08	1.39E+09	3.15E+08
交通运输设备	1.33E+09	1.30E+09	2.44E+09	4.25E+08	2.02E+09	7.97E+08	2.89E+08
电气机械和器材	7.52E+08	1.23E+09	7.77E+08	1.43E+08	4.38E+08	4.11E+08	1.01E+08
通信设备、计算机和其他电子设备	4.71E+08	2.57E+08	5.57E+08	1.20E+07	8.38E+07	2.29E+08	5.33E+07
仪器仪表	1.05E+08	5.71E+07	1.61E+08	4.15E+07	3.33E+07	2.38E+07	1.97E+06
其他制造产品	2.77E+07	2.12E+07	3.96E+07	9.33E+05	7.15E+06	1.04E+07	3.42E+06
电力、热力的生产和供应	1.90E+08	3.84E+08	1.46E+08	3.88E+07	2.57E+07	2.07E+08	1.51E+08
燃气、水的生产和供应	6.28E+07	7.69E+07	5.24E+07	2.01E+06	1.91E+07	1.11E+08	2.29E+07
建筑	1.21E+10	7.04E+09	1.04E+10	6.04E+09	5.17E+09	6.60E+09	5.87E+09
交通运输、仓储和邮政	1.83E+09	9.54E+08	3.73E+09	1.31E+09	3.85E+08	1.58E+09	2.81E+09
批发和零售	1.16E+09	6.61E+08	5.12E+08	4.02E+08	8.78E+07	3.48E+08	5.69E+08
住宿和餐饮	1.46E+09	1.11E+09	7.98E+08	2.42E+08	8.62E+07	3.30E+08	4.00E+08
租赁和商务服务	1.56E+08	6.81E+07	4.59E+08	1.90E+07	2.48E+07	8.45E+07	1.07E+08
科学研究和技术服务	7.45E+08	6.12E+08	1.60E+08	1.73E+08	7.29E+07	2.79E+08	3.41E+08
其他服务业	3.87E+09	2.85E+09	2.96E+09	1.19E+08	7.14E+08	1.89E+09	1.97E+09

产业	地区					
	云南	陕西	甘肃	青海	宁夏	新疆
农林牧渔产品和服务	1.34E+09	9.74E+08	1.02E+09	7.56E+08	2.05E+08	3.19E+08
煤炭采选产品	1.16E+08	6.52E+07	2.38E+08	3.06E+07	1.37E+07	9.45E+07
石油和天然气开采产品	0.00E+00	4.44E+06	3.06E+07	5.27E+07	9.21E+04	2.95E+06
金属矿采选产品	2.20E+07	4.96E+06	-5.51E+06	1.48E+06	0.00E+00	3.85E+06
非金属矿和其他矿采选产品	8.62E+06	8.51E+06	7.67E+06	1.55E+06	1.07E+06	1.22E+07
食品和烟草	8.16E+08	8.23E+08	6.87E+08	1.24E+08	1.40E+08	2.19E+08
纺织品	9.12E+06	4.83E+07	1.85E+07	3.98E+07	2.38E+07	3.75E+07
纺织服装鞋帽皮革羽绒及其制品	9.33E+06	2.04E+07	2.28E+07	8.46E+06	1.10E+07	8.6□E+05
木材加工品和家具	1.98E+07	1.27E+07	6.08E+06	3.51E+05	1.70E+06	4.13E+06
造纸印刷和文教体育用品	3.67E+07	1.13E+08	9.95E+06	1.73E+07	8.38E+06	6.7□E+06
石油、炼焦产品和核燃料加工品	2.76E+08	2.22E+08	6.76E+08	2.30E+06	4.88E+07	7.87E+07
化学产品	3.53E+08	2.74E+08	2.32E+08	1.53E+08	1.87E+08	6.92E+07
非金属矿物制品	4.47E+07	6.02E+07	1.30E+08	5.46E+07	2.27E+07	1.40E+07
金属冶炼和压延加工品	1.19E+07	3.81E+07	1.11E+08	2.91E+07	3.25E+07	9.24E+06
金属制品	1.69E+07	7.56E+07	3.59E+07	2.29E+07	1.37E+07	3.33E+07

续表

产业	地区					
	云南	陕西	甘肃	青海	宁夏	新疆
通用、专用设备	1.07E+08	6.05E+08	4.59E+08	7.62E+07	7.10E+07	5.01E+07
交通运输设备	1.96E+08	8.37E+08	6.64E+07	6.27E+07	3.58E+06	2.67E+07
电气机械和器材	6.17E+07	1.69E+08	2.95E+08	2.06E+07	3.36E+07	1.29E+08
通信设备、计算机和其他电子设备	8.59E+06	4.48E+07	3.21E+07	1.87E+06	2.30E+05	9.67E+05
仪器仪表	4.50E+05	1.45E+07	4.08E+06	4.99E+06	7.50E+06	4.94E+04
其他制造产品	2.81E+05	2.38E+06	1.92E+07	6.40E+05	6.04E+02	8.22E+05
电力、热力的生产和供应	1.62E+08	1.04E+08	2.22E+08	1.52E+08	1.93E+07	5.08E+07
燃气、水的生产和供应	3.95E+07	1.05E+07	1.16E+07	1.90E+06	2.35E+06	5.94E+06
建筑	7.49E+09	7.41E+09	6.09E+09	2.42E+09	1.78E+09	2.99E+09
交通运输、仓储和邮政	3.34E+08	1.73E+09	1.49E+09	1.90E+09	2.23E+08	4.56E+08
批发和零售	1.93E+09	3.11E+08	6.20E+08	3.69E+08	1.33E+07	8.13E+07
住宿和餐饮	1.37E+09	4.40E+08	4.24E+08	4.34E+07	6.20E+07	3.74E+07
租赁和商务服务	3.45E+08	2.14E+07	4.65E+07	1.20E+07	1.27E+07	1.06E+07
科学研究和技术服务	7.86E+08	3.61E+08	7.57E+08	7.65E+07	1.06E+08	1.25E+08
其他服务业	3.25E+09	1.86E+09	2.50E+09	6.88E+08	4.12E+08	7.60E+08

附表16　2017年中国各省市分产业隐含黑碳排放量（单位：g）

产业		山西	内蒙古	辽宁	吉林	黑龙江	上海	江苏
产业	农林牧渔产品和服务	9.86E+08	7.15E+08	2.21E+09	8.68E+08	5.57E+07	2.24E+07	5.27E+07
	煤炭采选产品	9.05E+08	1.49E+09	9.32E+05	6.77E+07	1.24E+08	0.00E+00	2.01E+07
	石油和天然气开采产品	1.48E+08	7.70E+08	4.26E+07	1.99E+07	3.47E+08	5.94E+05	2.30E+06
	金属矿采选产品	4.43E+08	9.06E+06	2.07E+06	4.11E+07	8.86E+06	0.00E+00	8.39E+05
	非金属矿和其他矿采选产品	1.80E+06	2.28E+08	5.46E+06	7.16E+07	6.23E+07	0.00E+00	1.22E+07
	食品和烟草	1.38E+09	2.41E+08	2.23E+09	2.42E+09	3.79E+08	1.32E+08	4.02E+07
	纺织品	2.79E+07	1.14E+09	4.77E+07	2.31E+08	6.59E+07	7.44E+06	6.12E+08
	纺织服装鞋帽皮革羽绒及其制品	4.91E+06	3.03E+08	1.47E+07	9.24E+07	6.52E+07	3.21E+07	4.16E+08
	木材加工品和家具	3.73E+07	8.15E+07	6.17E+07	1.09E+09	1.18E+08	1.40E+08	6.77E+07
	造纸印刷和文教体育用品	5.50E+07	3.52E+08	2.02E+07	1.61E+08	9.84E+07	2.38E+07	2.08E+08
	石油、炼焦产品和核燃料加工品	1.59E+09	3.31E+08	6.17E+08	4.66E+07	2.53E+08	3.11E+08	1.74E+09
	化学产品	6.46E+07	8.24E+07	2.21E+09	7.59E+08	7.77E+08	1.96E+08	3.50E+08
	非金属矿物制品	1.70E+08	1.98E+07	3.42E+07	6.07E+07	4.34E+07	4.71E+07	1.80E+08
	金属冶炼和压延加工品	5.18E+09	5.02E+08	7.28E+08	7.28E+07	2.76E+08	3.42E+07	5.66E+08
	金属制品	2.81E+08	3.20E+07	1.81E+08	1.52E+08	1.04E+08	2.08E+08	3.89E+08

续表

产业	地区						
	山西	内蒙古	辽宁	吉林	黑龙江	上海	江苏
通用设备	9.07E+07	9.04E+07	2.93E+08	1.39E+08	3.50E+08	1.05E+08	5.70E+08
专用设备	1.15E+08	5.71E+06	7.94E+07	2.30E+08	1.29E+08	7.15E+07	2.09E+08
交通运输设备	2.06E+07	9.50E+08	6.33E+08	1.74E+10	2.21E+08	3.99E+09	9.59E+09
电气机械和器材	3.91E+07	2.67E+07	1.49E+08	5.13E+07	6.78E+07	1.94E+08	2.39E+09
通信设备、计算机和其他电子设备	9.49E+08	6.12E+07	3.13E+07	1.31E+07	1.27E+07	2.42E+08	6.02E+08
仪器仪表	7.03E+06	2.39E+05	8.52E+04	1.13E+07	5.69E+06	2.11E+07	1.77E+08
其他制造产品	7.03E+06	5.48E+06	4.99E+06	4.63E+06	5.73E+05	2.25E+06	9.57E+06
废品废料	9.50E+05	1.04E+06	6.61E+05	5.79E+05	8.20E+04	5.27E+05	1.45E+06
金属制品、机械和设备修理服务	5.70E+07	1.44E+05	2.52E+07	1.50E+06	2.75E+06	2.56E+07	5.59E+06
电力、热力的生产和供应	2.44E+08	6.64E+07	9.68E+07	3.19E+08	9.79E+08	4.06E+07	7.16E+08
燃气生产和供应	2.45E+07	1.65E+08	9.02E+06	2.54E+07	2.39E+07	8.71E+07	2.90E+08
水的生产和供应	1.10E+07	3.94E+07	6.99E+06	3.79E+06	4.39E+07	3.55E+05	6.15E+06
建筑	4.73E+09	6.36E+09	1.48E+09	1.47E+09	1.51E+09	6.64E+08	1.35E+08
批发和零售	7.26E+06	4.90E+09	5.61E+08	4.22E+08	2.56E+09	6.89E+08	7.36E+08
交通运输、仓储和邮政	1.99E+09	1.65E+08	6.71E+08	9.61E+07	9.82E+08	1.67E+09	6.57E+08

续表

产业	山西	内蒙古	辽宁	吉林	黑龙江	上海	江苏
住宿和餐饮	1.99E+09	1.15E+08	2.49E+08	9.20E+08	1.84E+09	1.57E+08	2.61E+08
信息传输、软件和信息技术服务	1.85E+08	1.07E+08	1.05E+07	1.72E+08	5.85E+08	4.93E+08	8.66E+08
金融	1.50E+09	1.96E+09	3.83E+08	7.63E+07	1.71E+09	2.55E+08	1.86E+09
房地产	3.67E+08	1.91E+09	1.68E+08	7.63E+07	1.46E+09	2.70E+08	7.87E+08
租赁和商务服务	3.48E+07	1.75E+09	1.44E+08	1.27E+08	9.66E+08	1.00E+09	9.01E+08
科学研究和技术服务	2.39E+08	1.25E+09	3.70E+07	1.06E+08	6.84E+07	4.25E+08	3.56E+08
水利、环境和公共设施管理	2.76E+07	1.49E+08	4.55E+07	2.99E+06	5.09E+07	3.10E+07	1.01E+07
居民服务、修理和其他服务	2.43E+07	2.15E+08	1.34E+08	8.06E+07	4.50E+07	7.24E+07	2.54E+08
教育	6.15E+07	5.01E+08	2.80E+07	2.82E+07	4.58E+08	8.90E+07	2.69E+07
卫生和社会工作	7.68E+06	1.45E+09	7.68E+08	2.19E+08	6.87E+08	7.35E+07	3.58E+07
文化、体育和娱乐	8.11E+07	1.03E+08	2.48E+06	1.09E+08	4.91E+07	2.26E+07	1.17E+08
公共管理、社会保障和社会组织	7.55E+08	3.20E+09	3.80E+07	2.18E+08	2.89E+09	6.76E+08	1.55E+08

产业	浙江	安徽	福建	江西	山东	河南	湖北
农林牧渔产品和服务	2.81E+08	3.50E+07	1.75E+07	6.29E+08	4.08E+08	1.29E+09	9.15E+08
煤炭采选产品	2.33E+04	1.47E+06	2.79E+06	2.51E+07	4.64E+05	5.40E+08	1.73E+06
石油和天然气开采产品	0.00E+00	0.00E+00	0.00E+00	0.00E+00	8.94E+06	5.68E+07	6.31E+06
金属矿采选产品	3.31E+05	1.84E+08	4.72E+06	2.90E+07	1.20E+08	4.16E+08	1.20E+07
非金属矿和其他矿采选产品	2.18E+06	1.99E+07	1.55E+07	2.76E+07	3.94E+07	1.78E+08	4.50E+07
食品和烟草	8.33E+08	8.56E+07	4.74E+08	3.76E+08	3.78E+09	7.79E+09	2.98E+09
纺织品	1.29E+08	1.70E+08	2.27E+07	4.37E+08	1.87E+08	1.56E+08	1.56E+08
纺织服装鞋帽皮革羽绒及其制品	1.04E+09	2.09E+08	4.11E+07	1.36E+08	2.00E+07	5.71E+08	7.19E+07
木材加工品和家具	6.76E+07	5.84E+07	5.97E+07	2.39E+08	9.83E+07	5.12E+08	5.84E+07
造纸印刷和文教体育用品	2.03E+08	4.87E+07	5.33E+07	3.09E+08	1.10E+08	1.14E+09	1.10E+08
石油、炼焦产品和核燃料加工品	1.02E+09	4.34E+06	3.26E+07	5.04E+07	2.19E+08	3.76E+09	5.98E+08
化学产品	3.47E+08	5.18E+07	2.29E+07	4.73E+09	6.17E+08	3.31E+09	7.69E+08
非金属矿物制品	9.09E+07	3.36E+07	1.15E+07	1.08E+09	1.53E+08	4.58E+09	3.15E+08
金属冶炼和压延加工品	8.45E+07	1.02E+08	2.51E+07	3.73E+09	3.40E+08	4.06E+09	2.13E+08
金属制品	7.08E+07	5.45E+07	3.34E+08	3.78E+08	1.13E+08	9.58E+08	1.33E+08

（地区）

续表

产业		地区						
		浙江	安徽	福建	江西	山东	河南	湖北
	通用设备	2.05E+09	9.14E+08	6.33E+05	3.96E+08	3.74E+08	6.57E+08	6.09E+07
	专用设备	2.83E+08	4.32E+08	2.02E+06	2.86E+08	5.97E+08	1.25E+09	5.06E+07
	交通运输设备	7.38E+08	9.13E+07	6.97E+07	2.23E+08	4.11E+09	1.44E+09	2.63E+09
	电气机械和器材	2.67E+09	2.54E+08	3.00E+07	1.58E+09	1.39E+09	1.51E+09	2.36E+08
	通信设备、计算机和其他电子设备	6.19E+08	4.35E+07	7.70E+07	5.39E+08	6.17E+08	8.35E+07	2.41E+07
	仪器仪表	8.52E+04	8.87E+06	6.86E+05	2.44E+07	7.79E+07	7.77E+07	8.87E+06
	其他制造产品	1.50E+07	8.86E+05	3.41E+06	5.10E+07	2.36E+06	1.95E+07	9.53E+06
	废品废料	7.03E+06	7.54E+06	8.86E+05	2.09E+07	1.19E+06	7.05E+06	4.56E+06
	金属制品、机械和设备修理服务	2.75E+05	4.84E+05	2.92E+06	4.85E+05	1.43E+07	1.63E+06	6.62E+05
	电力、热力的生产和供应	2.21E+08	3.23E+08	6.52E+07	7.46E+05	1.28E+09	3.34E+08	1.24E+08
	燃气生产和供应	1.19E+08	2.43E+06	2.06E+06	1.96E+07	1.50E+07	1.54E+08	6.12E+07
	水的生产和供应	3.75E+06	4.80E+06	1.42E+07	4.97E+06	2.06E+07	4.33E+08	4.15E+06
	建筑	4.53E+08	8.92E+08	1.24E+09	4.47E+09	5.37E+08	4.44E+08	4.12E+08
	批发和零售	3.85E+08	1.56E+08	1.64E+08	2.05E+08	8.87E+07	1.18E+09	1.27E+08
	交通运输、仓储和邮政	1.01E+08	2.99E+08	1.33E+08	4.04E+07	5.76E+08	2.73E+09	5.19E+08

续表

产业	地区						
	浙江	安徽	福建	江西	山东	河南	湖北
住宿和餐饮	7.23E+08	1.29E+07	4.84E+07	4.19E+07	2.74E+08	1.76E+09	7.02E+08
信息传输、软件和信息技术服务	1.85E+08	7.15E+07	9.49E+08	3.00E+07	4.26E+07	2.48E+08	6.03E+07
金融	5.16E+08	9.75E+07	1.43E+07	9.07E+06	9.84E+06	1.48E+09	1.56E+08
房地产	1.72E+08	7.25E+07	6.00E+07	1.00E+07	6.70E+07	1.71E+09	4.00E+07
租赁和商务服务	7.08E+08	9.39E+07	2.57E+07	1.77E+07	2.14E+07	7.57E+08	1.39E+08
科学研究和技术服务	8.19E+07	7.14E+07	1.48E+08	6.52E+07	1.44E+08	4.86E+08	7.84E+06
水利、环境和公共设施管理	6.93E+07	2.81E+06	3.74E+06	2.17E+07	9.17E+07	8.24E+07	1.25E+07
居民服务、修理和其他服务	6.18E+07	2.93E+07	3.95E+06	1.04E+08	4.66E+07	9.71E+08	6.00E+07
教育	6.60E+07	3.28E+07	2.54E+05	3.94E+07	4.14E+07	1.10E+09	1.00E+08
卫生和社会工作	1.01E+08	1.14E+08	1.99E+08	4.22E+08	2.65E+08	2.65E+08	1.00E+08
文化、体育和娱乐	4.03E+07	1.80E+07	6.89E+07	1.97E+07	9.76E+06	7.66E+07	7.28E+07
公共管理、社会保障和社会组织	7.32E+07	5.50E+07	2.37E+07	7.96E+07	9.56E+07	6.68E+07	1.77E+08

产业	地区						
	湖南	广东	广西	海南	重庆	四川	贵州
农林牧渔产品和服务	3.08E+09	5.53E+08	3.40E+09	3.37E+08	2.89E+08	3.37E+09	8.81E+07
煤炭采选产品	8.13E+06	8.90E+03	1.01E+07	0.00E+00	3.82E+07	1.30E+08	4.05E+09
石油和天然气开采产品	0.00E+00	2.88E+07	3.23E+06	3.15E+06	3.50E+07	8.45E+07	0.00E+00
金属矿采选产品	3.55E+08	9.47E+06	7.40E+07	2.92E+07	1.50E+07	6.29E+07	1.41E+08
非金属矿和其他矿采选产品	2.76E+08	2.68E+07	9.18E+07	1.40E+06	5.43E+07	1.03E+08	4.95E+08
食品和烟草	6.06E+09	1.37E+09	5.26E+09	1.42E+08	9.25E+08	8.61E+09	7.71E+08
纺织品	1.82E+08	2.05E+08	2.24E+08	2.66E+06	1.19E+07	2.40E+08	2.64E+06
纺织服装鞋帽皮革羽绒及其制品	2.21E+08	7.13E+08	5.03E+07	3.85E+05	3.54E+07	1.45E+08	9.82E+07
木材加工品和家具	4.03E+08	4.79E+08	5.52E+08	7.11E+06	6.15E+07	4.09E+08	1.12E+08
造纸印刷和文教体育用品	3.59E+08	1.03E+09	3.61E+07	4.67E+07	1.32E+08	3.77E+08	9.23E+07
石油、炼焦产品和核燃料加工品	6.07E+09	1.28E+08	6.10E+08	5.24E+07	1.25E+07	7.67E+07	2.42E+08
化学产品	1.03E+09	1.52E+09	3.74E+08	1.76E+08	4.48E+08	1.34E+09	2.95E+09
非金属矿物制品	1.39E+09	7.48E+08	7.42E+08	1.09E+08	2.62E+08	5.84E+08	2.88E+08
金属冶炼和压延加工品	1.74E+09	8.78E+08	4.28E+09	5.19E+05	2.14E+08	2.66E+08	1.11E+09
金属制品	5.20E+08	1.40E+09	5.60E+08	1.48E+06	1.81E+08	2.28E+08	2.22E+07

续表

		地区						
		湖南	广东	广西	海南	重庆	四川	贵州
产业	通用设备	2.38E+08	6.73E+08	3.68E+08	3.24E+05	1.43E+08	3.03E+08	7.31E+07
	专用设备	2.76E+08	4.07E+08	3.41E+08	7.23E+05	8.23E+07	2.12E+08	3.35E+07
	交通运输设备	9.52E+08	1.33E+09	2.83E+08	7.99E+05	2.00E+09	6.40E+08	2.51E+08
	电气机械和器材	3.68E+08	1.90E+09	1.04E+09	1.14E+07	2.08E+08	4.91E+08	2.49E+07
	通信设备、计算机和其他电子设备	1.59E+08	1.25E+09	8.66E+08	1.12E+06	1.98E+08	1.45E+09	1.68E+08
	仪器仪表	2.16E+07	5.43E+07	2.25E+07	3.16E+05	2.03E+07	2.81E+07	8.90E+06
	其他制造产品	1.11E+07	5.97E+07	1.14E+08	8.38E+05	9.45E+06	1.97E+07	5.17E+07
	废品废料	9.58E+07	3.03E+07	7.38E+07	2.50E+05	3.87E+06	1.35E+07	7.24E+06
	金属制品、机械和设备修理服务	3.26E+06	8.36E+06	1.09E+06	2.29E+05	1.44E+06	2.73E+06	7.06E+06
	电力、热力的生产和供应	1.52E+09	8.45E+08	5.27E+08	5.21E+07	3.21E+08	3.98E+08	1.57E+08
	燃气生产和供应	2.77E+08	4.23E+07	2.96E+07	1.80E+06	1.73E+08	2.72E+07	1.02E+08
	水的生产和供应	5.81E+07	3.94E+07	1.21E+07	2.40E+06	1.51E+07	2.41E+07	1.03E+07
	建筑	2.36E+09	2.32E+09	8.14E+09	5.42E+08	2.00E+09	3.25E+09	2.19E+09
	批发和零售	6.00E+08	1.49E+09	5.85E+08	1.95E+08	2.06E+08	7.22E+08	7.71E+08
	交通运输、仓储和邮政	1.34E+09	1.06E+09	9.12E+08	1.20E+09	4.81E+08	2.67E+08	2.09E+09

续表

产业		湖南	广东	广西	海南	重庆	四川	贵州
					地区			
	住宿和餐饮	1.33E+09	5.96E+08	7.51E+08	1.34E+08	4.37E+08	3.74E+09	4.14E+08
	信息传输、软件和信息技术服务	1.17E+08	7.39E+08	2.22E+08	6.54E+07	6.13E+06	7.03E+08	3.22E+08
	金融	3.06E+08	8.10E+08	8.83E+08	1.38E+08	2.64E+08	9.79E+08	7.47E+08
	房地产	1.77E+08	7.30E+08	7.11E+08	2.09E+08	1.15E+08	5.05E+08	4.73E+08
	租赁和商务服务	2.29E+08	1.03E+09	3.15E+08	1.45E+08	3.62E+08	6.17E+08	6.86E+08
	科学研究和技术服务	3.52E+08	3.81E+08	2.06E+07	5.37E+07	3.21E+07	2.49E+08	1.46E+08
	水利、环境和公共设施管理	3.22E+07	1.13E+08	1.46E+07	8.53E+06	7.20E+07	1.03E+08	2.53E+06
	居民服务、修理和其他服务	2.86E+08	2.24E+08	1.37E+08	1.19E+08	1.16E+08	3.51E+08	2.73E+08
	教育	1.79E+08	2.62E+08	1.47E+07	4.87E+07	6.70E+07	2.94E+08	1.14E+08
	卫生和社会工作	1.60E+08	2.14E+08	1.24E+08	5.51E+07	1.01E+08	2.52E+08	4.70E+08
	文化、体育和娱乐	5.19E+08	5.74E+07	4.32E+06	2.19E+07	4.52E+07	5.73E+08	1.13E+08
	公共管理、社会保障和社会组织	3.00E+08	1.52E+08	1.39E+08	1.25E+08	1.16E+08	5.09E+08	4.35E+08

		云南	陕西	甘肃	青海	宁夏	新疆
					地区		
产业	农林牧渔产品和服务	3.89E+09	3.67E+08	6.93E+08	7.97E+08	1.00E+08	7.39E+07
	煤炭采选产品	9.69E+07	2.49E+07	1.02E+08	1.67E+07	3.85E+08	3.59E+07
	石油和天然气开采产品	0.00E+00	2.20E+08	3.35E+08	7.10E+06	2.41E+05	1.22E+08
	金属矿采选产品	1.02E+08	8.59E+07	5.42E+07	4.86E+06	3.54E+06	2.13E+07
	非金属矿和其他矿采选产品	5.44E+06	3.92E+07	2.67E+07	4.32E+06	7.15E+06	3.73E+07
	食品和烟草	4.88E+09	5.13E+08	9.34E+08	1.04E+09	5.46E+08	1.05E+08
	纺织品	3.58E+07	4.37E+07	3.21E+06	3.29E+07	1.43E+08	3.70E+06
	纺织服装鞋帽皮革羽绒及其制品	6.08E+06	7.29E+05	1.76E+07	6.61E+06	1.94E+07	5.60E+05
	木材加工品和家具	7.57E+07	2.14E+07	2.86E+07	8.06E+06	4.58E+06	2.24E+06
	造纸印刷和文教体育用品	3.08E+06	1.59E+08	7.69E+07	7.52E+06	2.26E+07	4.39E+06
	石油、炼焦产品和核燃料加工品	2.65E+07	5.95E+07	9.11E+08	8.74E+06	1.76E+09	1.04E+08
	化学产品	9.62E+08	1.36E+09	2.96E+08	5.66E+08	2.28E+08	3.54E+07
	非金属矿物制品	3.85E+07	9.89E+08	4.17E+08	6.76E+07	2.18E+08	1.17E+08
	金属冶炼和压延加工品	2.23E+08	1.57E+09	6.69E+09	3.21E+08	2.34E+08	6.39E+08
	金属制品	6.69E+07	1.65E+08	9.13E+08	1.82E+07	6.61E+06	2.51E+07

续表

产业	地区					
	云南	陕西	甘肃	青海	宁夏	新疆
通用设备	9.70E+06	1.47E+08	9.01E+07	8.42E+06	8.66E+06	2.11E+06
专用设备	2.71E+07	3.02E+08	1.26E+08	1.02E+06	3.26E+06	3.63E+06
交通运输设备	1.13E+08	2.94E+08	6.94E+07	1.43E+06	2.78E+06	2.29E+06
电气机械和器材	8.44E+07	1.19E+09	4.16E+08	8.84E+07	3.36E+07	1.06E+08
通信设备、计算机和其他电子设备	7.09E+06	1.63E+08	8.18E+07	8.41E+06	0.00E+00	1.03E+05
仪器仪表	4.30E+06	6.83E+06	2.89E+05	2.34E+06	1.43E+07	5.12E+04
其他制造产品	4.75E+06	6.33E+06	2.88E+07	0.00E+00	3.98E+06	3.72E+05
废品废料	3.29E+06	7.75E+07	5.36E+06	0.00E+00	1.42E+06	1.22E+05
金属制品、机械和设备修理服务	1.95E+06	1.56E+05	1.33E+08	8.13E+04	8.41E+06	4.51E+05
电力、热力的生产和供应	7.58E+08	3.48E+07	4.70E+08	8.85E+08	7.18E+07	8.89E+08
燃气生产和供应	1.92E+06	2.17E+06	3.34E+07	6.58E+05	2.22E+08	3.27E+06
水的生产和供应	1.24E+07	2.14E+06	4.15E+06	6.89E+05	2.74E+06	3.87E+06
建筑	4.48E+09	1.26E+09	4.79E+09	9.36E+08	1.88E+09	1.78E+09
批发和零售	4.81E+08	3.27E+08	7.45E+08	1.13E+08	2.37E+07	8.12E+07
交通运输、仓储和邮政	6.81E+07	7.80E+08	4.58E+08	6.57E+07	3.70E+08	3.06E+08

续表

产业	地区					
	云南	陕西	甘肃	青海	宁夏	新疆
住宿和餐饮	1.82E+09	8.58E+05	6.20E+08	2.72E+08	8.09E+07	3.30E+07
信息传输、软件和信息技术服务	3.41E+08	1.16E+08	2.57E+08	3.91E+06	1.05E+08	6.50E+07
金融	2.75E+08	4.96E+08	7.25E+08	2.98E+07	1.37E+08	8.63E+07
房地产	2.02E+07	2.30E+08	4.63E+08	5.24E+07	4.64E+07	6.12E+07
租赁和商务服务	2.94E+08	1.01E+09	4.45E+08	2.90E+07	1.25E+08	3.16E+07
科学研究和技术服务	8.30E+07	2.96E+09	1.44E+08	8.76E+07	3.88E+06	2.30E+07
水利、环境和公共设施管理	9.66E+07	3.31E+06	4.69E+07	2.97E+07	5.64E+06	4.89E+07
居民服务、修理和其他服务	3.24E+06	1.02E+08	6.77E+07	8.91E+06	2.22E+07	3.55E+07
教育	1.59E+08	3.85E+07	2.00E+08	1.28E+07	3.11E+08	4.10E+07
卫生和社会工作	2.43E+08	4.97E+08	6.30E+07	2.53E+08	6.51E+08	1.54E+08
文化、体育和娱乐	1.40E+08	1.46E+07	9.82E+07	6.84E+06	1.85E+06	6.16E+06
公共管理、社会保障和社会组织	9.04E+08	8.33E+07	4.72E+08	2.93E+08	5.05E+08	3.64E+07

附表 17　2012 年京津冀地区隐含在贸易中的黑碳排放转移矩阵（单位：g）

	北京	天津	石家庄	唐山	秦皇岛	邯郸	邢台
北京	0.00E+00	-5.34E+08	-6.37E+08	-6.35E+08	-2.77E+08	-2.27E+08	-4.32E+08
天津	5.34E+08	0.00E+00	-1.91E+08	-1.93E+08	-8.42E+07	-9.18E+07	-1.58E+08
石家庄	6.37E+08	1.91E+08	0.00E+00	1.93E+08	-7.50E+07	1.93E+08	-2.35E+08
唐山	6.35E+08	1.93E+08	-1.93E+08	0.00E+00	-5.95E+07	1.03E+08	-2.87E+08
秦皇岛	2.77E+08	8.42E+07	7.50E+07	5.95E+07	0.00E+00	6.46E+07	-1.10E+08
邯郸	2.27E+08	9.18E+07	-1.93E+08	-1.03E+08	-6.46E+07	0.00E+00	-1.39E+08
邢台	4.32E+08	1.58E+08	2.35E+08	2.87E+08	1.10E+08	1.39E+08	0.00E+00
保定	-3.81E+07	-4.05E+07	-4.47E+08	3.04E+07	-7.85E+07	1.45E+08	-4.31E+08
张家口	1.99E+08	1.89E+07	-2.77E+07	-2.25E+07	-6.30E+07	1.20E+07	-1.10E+08
承德	1.18E+08	3.53E+07	-1.76E+08	-2.01E+07	-3.24E+07	5.46E+07	-9.93E+07
沧州	3.38E+08	7.55E+07	-2.24E+07	3.32E+07	-5.06E+07	5.34E+07	-2.15E+08
廊坊	3.56E+07	2.25E+07	1.62E+07	7.66E+05	2.51E+06	1.95E+07	-1.65E+06
衡水	3.61E+07	9.32E+06	-8.23E+07	-8.21E+06	-1.08E+07	1.15E+07	-9.88E+07

	保定	张家口	承德	沧州	廊坊	衡水
北京	3.81E+07	-1.99E+08	-1.18E+08	-3.38E+08	-3.56E+07	-3.61E+07
天津	4.05E+07	-1.89E+07	-3.53E+07	-7.55E+07	-2.25E+07	-9.32E+06
石家庄	4.47E+08	2.77E+07	1.76E+08	2.24E+07	-1.62E+07	8.23E+07
唐山	-3.04E+07	2.25E+07	2.01E+07	-3.32E+07	-7.66E+05	8.21E+06
秦皇岛	7.85E+07	6.30E+07	3.24E+07	5.06E+07	-2.51E+06	1.08E+07
邯郸	-1.45E+08	-1.20E+07	-5.46E+07	-5.34E+07	-1.95E+07	-1.15E+07
邢台	4.31E+08	1.10E+08	9.93E+07	2.15E+08	1.65E+06	9.88E+07
保定	0.00E+00	4.39E+07	5.73E+07	4.24E+07	-3.30E+07	-1.89E+07
张家口	-4.39E+07	0.00E+00	1.18E+08	-2.88E+07	-4.72E+06	-2.20E+06
承德	-5.73E+07	-1.18E+08	0.00E+00	-6.76E+07	-3.42E+06	-9.75E+05
沧州	-4.24E+07	2.88E+07	6.76E+07	0.00E+00	-3.89E+07	1.36E+07
廊坊	3.30E+07	4.72E+06	3.42E+06	3.89E+07	0.00E+00	-1.93E+05
衡水	1.89E+07	2.20E+06	9.75E+05	-1.36E+07	1.93E+05	0.00E+00

附表18　2017年京津冀地区隐含在贸易中的黑碳排放转移矩阵（单位：g）

	北京	天津	石家庄	唐山	秦皇岛	邯郸	邢台
北京	0.00E+00	-4.70E+08	-4.40E+08	-1.13E+09	-3.00E+07	-2.42E+09	-3.20E+08
天津	4.70E+08	0.00E+00	-5.00E+07	-1.41E+09	-5.10E+08	-1.08E+09	-2.10E+08
石家庄	4.40E+08	5.00E+07	0.00E+00	-7.10E+08	-1.20E+08	-3.70E+08	-2.90E+08
唐山	1.13E+09	1.41E+09	7.10E+08	0.00E+00	6.90E+08	-6.80E+08	-4.20E+08
秦皇岛	3.00E+07	5.10E+08	1.20E+08	-6.90E+08	0.00E+00	-8.80E+08	-2.70E+08
邯郸	2.42E+09	1.08E+09	3.70E+08	6.80E+08	8.80E+08	0.00E+00	1.30E+08
邢台	3.20E+08	2.10E+08	2.90E+08	4.20E+08	2.70E+08	-1.30E+08	0.00E+00
保定	-2.30E+08	5.40E+08	-7.80E+08	-4.80E+08	-8.00E+08	9.60E+08	-7.90E+08
张家口	0.00E+00	3.00E+08	1.30E+08	1.00E+07	3.00E+07	3.60E+08	1.30E+08
承德	1.20E+08	5.30E+08	-6.80E+08	-2.90E+08	-1.20E+08	-9.00E+07	-6.50E+08
沧州	-1.80E+08	4.80E+08	7.90E+08	-1.01E+09	-2.40E+08	-2.60E+08	1.00E+08
廊坊	4.00E+07	7.00E+08	1.10E+08	2.20E+08	3.10E+08	4.60E+08	5.00E+08
衡水	1.22E+09	3.00E+08	1.20E+08	1.55E+09	-7.20E+08	6.20E+08	1.00E+08

	保定	张家口	承德	沧州	廊坊	衡水
北京	2.30E+08	0.00E+00	-1.20E+08	1.80E+08	-4.00E+07	-1.22E+09
天津	-5.40E+08	-3.00E+08	-5.30E+08	-4.80E+08	-7.00E+07	-3.00E+08
石家庄	7.80E+08	-1.30E+08	6.80E+08	-7.90E+08	-1.10E+08	-1.20E+08
唐山	4.80E+08	-1.00E+07	2.90E+08	1.01E+09	-2.20E+08	-1.55E+09
秦皇岛	8.00E+07	-3.00E+07	1.20E+08	2.40E+08	-3.10E+08	7.20E+08
邯郸	-9.60E+08	-3.60E+08	9.00E+07	2.60E+08	-4.60E+08	-6.20E+08
邢台	7.90E+08	-1.30E+08	6.50E+08	-1.00E+08	-5.00E+08	-1.00E+08
保定	0.00E+00	1.10E+08	3.40E+08	1.40E+08	-3.50E+08	2.30E+08
张家口	-1.10E+08	0.00E+00	2.30E+08	1.10E+08	-2.60E+08	7.50E+08
承德	-3.40E+08	-2.30E+08	0.00E+00	7.20E+08	-2.20E+08	5.80E+08
沧州	-1.40E+08	-1.10E+08	-7.20E+08	0.00E+00	9.70E+08	3.60E+08
廊坊	3.50E+08	2.60E+08	2.20E+08	-9.70E+08	0.00E+00	-7.80E+08
衡水	-2.30E+08	-7.50E+08	-5.80E+08	-3.60E+08	7.80E+08	0.00E+00

附表19　2012年中国各地区隐含在贸易中的黑碳排放转移矩阵（单位：g）

	京津冀	山西	内蒙古	辽宁	吉林	黑龙江	上海	江苏	浙江	安徽
京津冀	0.00E+00	−1.98E+09	−1.20E+09	−6.10E+08	−6.30E+08	−1.26E+08	4.37E+08	1.27E+09	1.96E+09	7.33E+08
山西	1.98E+09	0.00E+00	−1.76E+08	3.12E+08	−1.56E+08	3.85E+07	5.94E+08	1.20E+09	9.64E+08	8.87E+08
内蒙古	1.20E+09	1.76E+08	0.00E+00	1.16E+07	−3.20E+08	−4.18E+07	2.54E+08	3.81E+08	7.41E+08	4.66E+08
辽宁	6.10E+08	−3.12E+08	−1.16E+07	0.00E+00	2.11E+08	8.18E+08	−3.07E+07	6.62E+07	3.31E+08	−5.48E+07
吉林	6.30E+08	1.56E+08	3.20E+08	−2.11E+08	0.00E+00	5.38E+08	−7.11E+07	7.50E+07	1.75E+08	−3.67E+07
黑龙江	1.26E+08	−3.85E+07	4.18E+07	−8.18E+08	−5.38E+08	0.00E+00	1.07E+08	−1.30E+08	1.11E+08	−5.26E+07
上海	−4.37E+08	−5.94E+08	−2.54E+08	3.07E+07	7.11E+07	−1.07E+07	0.00E+00	1.63E+09	3.89E+08	1.66E+08
江苏	−1.27E+09	−1.20E+09	−3.81E+08	−6.62E+07	−7.50E+07	1.30E+08	−1.63E+09	0.00E+00	−8.89E+08	−3.82E+09
浙江	−1.96E+09	−9.64E+08	−7.41E+08	−3.31E+08	−1.75E+08	−1.11E+08	−3.89E+08	8.89E+08	0.00E+00	−6.60E+08
安徽	−7.33E+08	−8.87E+08	−4.66E+08	5.48E+07	3.67E+07	5.26E+07	−1.66E+08	3.82E+09	6.60E+08	0.00E+00
福建	−4.35E+08	1.80E+07	7.42E+06	5.95E+07	−3.10E+07	5.10E+07	1.98E+08	2.33E+08	2.37E+08	2.16E+08
江西	3.56E+07	−3.10E+08	−2.52E+08	3.93E+07	−5.22E+07	2.48E+08	−1.84E+08	7.61E+08	4.93E+08	9.99E+08
山东	−1.99E+09	−1.00E+09	−5.80E+08	−1.97E+08	−2.40E+08	−2.05E+08	−3.84E+08	−2.50E+08	−2.03E+07	−4.00E+08
河南	2.67E+09	−2.80E+08	5.12E+08	7.20E+08	−2.52E+08	4.20E+08	4.81E+08	4.11E+09	1.54E+09	8.90E+08
湖北	6.51E+06	−3.66E+08	−5.68E+07	4.30E+07	−2.48E+07	1.90E+07	1.12E+08	7.10E+08	1.99E+08	−5.71E+07
湖南	9.25E+07	−2.53E+08	4.70E+07	−2.33E+07	−3.50E+07	1.69E+08	1.51E+08	2.05E+08	6.92E+08	2.32E+08

续表

	京津冀	山西	内蒙古	辽宁	吉林	黑龙江	上海	江苏	浙江	安徽
广东	-1.75E+09	-9.78E+08	-6.40E+08	-5.68E+08	-3.07E+08	-1.90E+08	-4.87E+08	-9.33E+08	-2.59E+08	-6.26E+08
广西	2.69E+08	-2.61E+07	2.79E+07	1.00E+08	-1.15E+08	2.84E+07	1.05E+08	1.84E+08	3.16E+08	1.38E+08
海南	5.37E+08	1.03E+07	9.38E+07	2.12E+08	8.23E+07	6.19E+07	2.49E+08	1.24E+08	1.67E+08	2.15E+08
重庆	-7.35E+08	-2.33E+07	-6.59E+07	-2.03E+08	-1.09E+08	-5.88E+07	-2.45E+08	-2.89E+08	-1.32E+08	-3.15E+08
四川	-3.75E+08	-5.39E+07	-1.03E+08	-1.00E+08	-4.99E+07	-3.65E+07	-1.22E+08	-5.29E+06	-7.06E+06	-5.38E+07
贵州	1.23E+08	-1.32E+07	-2.32E+07	6.61E+07	-2.17E+06	6.33E+07	1.68E+08	5.95E+08	6.21E+08	3.24E+08
云南	-4.50E+08	-4.24E+07	7.80E+07	-1.38E+08	-1.50E+08	-1.51E+07	4.01E+06	-8.52E+07	2.04E+08	2.91E+07
陕西	-4.91E+08	-2.01E+08	-2.40E+08	-1.09E+08	-9.28E+07	-6.06E+07	-1.40E+07	6.28E+07	4.19E+08	1.80E+08
甘肃	6.65E+08	3.85E+07	2.78E+08	1.44E+08	-3.74E+07	1.15E+08	2.82E+08	4.34E+08	4.07E+08	2.45E+08
青海	-5.94E+07	-9.55E+06	-3.78E+07	-7.83E+06	-2.92E+07	-7.86E+06	-1.57E+07	2.76E+07	4.22E+07	-1.46E+08
宁夏	2.84E+07	-2.48E+08	-1.96E+08	3.22E+07	-4.59E+07	-2.65E+06	4.61E+07	1.81E+08	1.10E+08	6.37E+07
新疆	-5.68E+08	-1.38E+08	-2.06E+08	-3.45E+08	-2.88E+08	-1.33E+08	-2.04E+08	-2.60E+08	-4.40E+07	-1.87E+08

	京津冀	山西	内蒙古	辽宁	吉林	黑龙江	上海	江苏	浙江	安徽	福建	江西	山东	河南	湖北	湖南	广东
海南	-5.37E+08	-1.03E+07	-9.38E+07	-2.12E+08	-8.23E+07	-6.19E+07	-2.49E+08	-1.24E+08	-1.67E+08	-2.15E+08	7.05E+06	-2.46E+08	-1.85E+08	-4.50E+07	1.48E+07	-2.29E+08	-2.22E+09
广西	-2.69E+08	2.61E+07	-2.79E+07	-1.00E+08	1.15E+08	-2.84E+07	-1.05E+08	-1.84E+08	-3.16E+08	-1.38E+08	6.70E+06	-2.09E+08	-1.22E+08	-3.71E+07	2.23E+07	3.04E+07	-1.42E+09
广东	1.75E+09	9.78E+08	6.40E+08	5.68E+08	3.07E+08	1.90E+08	4.87E+08	9.33E+08	2.59E+08	6.26E+08	3.04E+08	2.16E+08	8.51E+07	1.50E+09	1.34E+08	1.66E+09	0.00E+00
湖南	-9.25E+07	2.53E+08	-4.70E+07	2.33E+07	3.50E+07	-1.69E+08	-1.51E+08	-2.05E+08	-6.92E+08	-2.32E+08	-1.23E+08	-3.06E+08	-1.15E+08	3.92E+08	1.07E+08	0.00E+00	-1.66E+09
湖北	-6.51E+06	3.66E+08	5.68E+07	-4.30E+07	2.48E+07	-1.90E+07	-1.12E+08	-7.10E+08	-1.99E+08	5.71E+07	2.38E+06	-6.46E+07	-3.55E+07	8.86E+07	0.00E+00	-1.07E+08	-1.34E+08
河南	-2.67E+09	2.80E+07	-5.12E+08	-7.20E+08	2.52E+08	-4.20E+08	-4.81E+08	-4.11E+09	-1.54E+09	-8.90E+08	-1.34E+07	-2.01E+08	-7.90E+08	0.00E+00	-8.86E+07	-3.92E+08	-1.50E+09
山东	1.99E+09	1.00E+09	5.80E+08	1.97E+08	2.40E+08	2.05E+08	3.84E+08	2.50E+08	2.03E+07	4.00E+08	8.33E+06	9.21E+07	0.00E+00	7.90E+08	3.55E+07	1.15E+08	-8.51E+07
江西	-3.56E+07	3.10E+08	2.52E+08	-3.93E+07	5.22E+07	-2.48E+08	1.84E+08	-7.61E+08	-4.93E+08	-9.99E+08	7.56E+07	0.00E+00	-9.21E+07	2.01E+08	6.46E+07	3.06E+08	-2.16E+08
福建	4.35E+07	-1.80E+07	-7.42E+06	-5.95E+07	3.10E+07	-5.10E+07	-1.98E+08	-2.33E+08	-2.37E+08	-2.16E+07	0.00E+00	-7.56E+07	-8.33E+06	1.34E+07	-2.38E+06	1.23E+07	-3.04E+08

续表

	福建	江西	山东	河南	湖北	湖南	广东	广西	海南
广西	-6.70E+06	2.09E+08	1.22E+08	3.71E+07	-2.23E+07	-3.04E+07	1.42E+09	0.00E+00	-9.57E+08
海南	-7.05E+06	2.46E+08	1.85E+08	4.50E+07	-1.48E+07	2.29E+08	2.22E+09	9.57E+08	0.00E+00
重庆	-8.39E+07	-8.41E+07	3.07E+07	-1.05E+09	-1.02E+08	-4.22E+08	2.51E+08	-1.22E+08	-2.45E+08
四川	-4.86E+07	-3.66E+07	-3.17E+06	-3.32E+08	-1.35E+06	-1.92E+08	8.16E+07	-1.27E+08	-6.36E+07
贵州	1.44E+07	1.99E+08	1.20E+08	-1.15E+08	1.14E+08	3.34E+08	1.85E+09	1.95E+08	-1.94E+08
云南	-1.20E+08	4.65E+07	1.08E+08	-5.37E+08	-1.35E+07	-1.83E+08	4.92E+08	-3.42E+08	-3.71E+08
陕西	-6.77E+07	8.51E+07	3.69E+08	-1.97E+08	1.05E+08	-1.41E+08	7.42E+08	-1.70E+08	-2.46E+08
甘肃	-1.25E+07	5.91E+07	1.29E+08	-8.87E+07	9.05E+06	2.03E+08	8.29E+08	2.82E+05	-2.93E+07
青海	-8.31E+05	1.92E+06	3.01E+07	-8.70E+07	-1.68E+06	-1.74E+07	4.51E+07	-2.22E+07	-2.88E+07
宁夏	-2.07E+06	1.61E+07	2.86E+07	-8.78E+07	7.33E+06	1.96E+07	1.74E+08	-1.49E+07	-7.02E+06
新疆	-6.48E+07	-6.21E+07	1.41E+07	-6.31E+08	-4.69E+07	-2.39E+08	2.21E+07	-2.05E+08	-1.80E+08

	重庆	四川	贵州	云南	陕西	甘肃	青海	宁夏	新疆
京津冀	7.35E+08	3.75E+08	-1.23E+08	4.50E+07	4.91E+08	6.65E+08	5.94E+07	-2.84E+07	5.68E+08
山西	2.33E+07	5.39E+07	1.32E+07	4.24E+07	2.01E+08	-3.85E+07	9.55E+06	2.48E+08	1.38E+07
内蒙古	6.59E+07	1.03E+08	2.32E+07	-7.80E+07	2.40E+08	-2.78E+08	3.78E+07	1.96E+08	2.06E+08
辽宁	2.03E+08	1.00E+08	-6.61E+07	1.38E+08	1.09E+08	-1.44E+08	7.83E+06	-3.22E+07	3.45E+08
吉林	1.09E+08	4.99E+07	2.17E+06	1.50E+08	9.28E+07	3.74E+07	2.92E+07	4.59E+07	2.88E+08
黑龙江	5.88E+07	3.65E+07	-6.33E+07	1.51E+07	6.06E+07	-1.15E+08	7.86E+06	2.65E+06	1.33E+08
上海	2.45E+08	1.22E+07	-1.68E+08	-4.01E+06	1.40E+07	-2.82E+08	1.57E+07	-4.61E+07	2.04E+08
江苏	2.89E+08	5.29E+06	-5.95E+08	8.52E+07	-6.28E+07	-4.34E+08	-2.76E+07	-1.81E+08	2.60E+08
浙江	1.32E+08	7.06E+06	-6.21E+08	-2.04E+08	-4.19E+08	-4.07E+08	-4.22E+07	-1.10E+08	4.40E+07
安徽	3.15E+08	5.38E+07	-3.24E+08	-2.91E+07	-1.80E+08	-2.45E+08	1.46E+07	-6.37E+07	1.87E+08
福建	8.39E+07	4.86E+07	-1.44E+08	1.20E+08	6.77E+07	1.25E+08	8.31E+05	2.07E+06	6.48E+07
江西	8.41E+07	3.66E+07	-1.99E+08	-4.65E+07	-8.51E+07	-5.91E+07	-1.92E+06	-1.61E+07	6.21E+07
山东	-3.07E+07	3.17E+06	-1.20E+08	-1.08E+08	-3.69E+08	-1.29E+08	-3.01E+07	-2.86E+07	-1.41E+07
河南	1.05E+09	3.32E+08	1.15E+08	5.37E+08	1.97E+09	8.87E+07	8.70E+07	8.78E+07	6.31E+07
湖北	1.02E+08	1.35E+06	-1.14E+08	1.35E+07	-1.05E+07	-9.05E+06	1.68E+06	-7.33E+06	4.69E+07
湖南	4.22E+08	1.92E+08	-3.34E+08	1.83E+08	1.41E+08	-2.03E+08	1.74E+07	-1.96E+07	2.39E+08
广东	-2.51E+08	-8.16E+07	-1.85E+09	-4.92E+08	-7.42E+08	-8.29E+07	-4.51E+07	-1.74E+08	-2.21E+07

212

续表

	重庆	四川	贵州	云南	陕西	甘肃	青海	宁夏	新疆
广西	1.22E+08	1.27E+08	-1.95E+08	3.42E+08	1.70E+08	-2.82E+05	2.22E+07	1.49E+07	2.05E+08
海南	2.45E+08	6.36E+07	1.94E+08	3.71E+08	2.46E+08	2.93E+07	2.88E+07	7.02E+06	1.80E+08
重庆	0.00E+00	-2.72E+08	-1.18E+09	-1.14E+08	2.01E+07	-5.04E+08	5.35E+05	-7.06E+07	1.10E+08
四川	2.72E+08	0.00E+00	-2.92E+08	-3.52E+07	-1.25E+08	-3.02E+08	-6.48E+06	-2.25E+07	2.36E+07
贵州	1.18E+09	2.92E+08	0.00E+00	3.00E+08	2.31E+08	-9.06E+07	1.72E+07	2.07E+07	1.17E+08
云南	1.14E+08	3.52E+07	-3.00E+08	0.00E+00	3.72E+08	-1.44E+08	2.47E+07	-1.53E+07	1.04E+08
陕西	-2.01E+07	1.25E+08	-2.31E+08	-3.72E+08	0.00E+00	-5.61E+08	1.66E+07	2.03E+07	1.50E+08
甘肃	5.04E+08	3.02E+08	9.06E+07	1.44E+08	5.61E+08	0.00E+00	2.42E+08	-7.29E+06	2.47E+08
青海	-5.35E+05	6.48E+06	-1.72E+07	-2.47E+07	-1.66E+07	-2.42E+08	0.00E+00	6.99E+06	6.18E+06
宁夏	7.06E+07	2.25E+07	-2.07E+07	1.53E+07	-2.03E+07	7.29E+06	-6.99E+06	0.00E+00	2.06E+07
新疆	-1.10E+08	-2.36E+07	-1.17E+08	-1.04E+08	-1.50E+08	-2.47E+08	-6.18E+06	-2.06E+07	0.00E+00

附表 20　2017 年中国各地区隐含在贸易中的黑碳排放转移矩阵（单位：g）

	京津冀	山西	内蒙古	辽宁	吉林	黑龙江	上海	江苏	浙江	安徽
京津冀	0	1.25E+08	-7.73E+07	-9.76E+07	-5.86E+07	-7.83E+06	-1.12E+07	4.36E+07	6.14E+07	2.97E+07
山西	-1.25E+08	0	-8.92E+06	-6.21E+06	-8.27E+06	7.86E+05	5.63E+05	1.47E+07	1.52E+07	1.84E+06
内蒙古	7.73E+07	8.92E+06	0	1.31E+06	-1.05E+06	1.50E+08	1.89E+07	5.99E+07	6.86E+07	8.78E+06
辽宁	9.76E+07	6.21E+07	-1.31E+06	0	1.63E+08	2.13E+07	2.77E+07	5.72E+07	6.72E+07	2.27E+07
吉林	5.86E+07	8.27E+06	1.05E+06	-1.63E+08	0	2.78E+06	1.19E+06	3.28E+07	3.94E+07	1.31E+07
黑龙江	7.83E+06	-7.86E+05	-1.50E+08	-2.13E+07	-2.78E+06	0	8.49E+05	1.06E+07	9.17E+06	4.82E+06
上海	1.12E+07	-5.63E+05	-1.89E+07	-2.77E+07	-1.19E+06	-8.49E+05	0	4.21E+07	2.84E+07	1.07E+07
江苏	-4.36E+07	-1.47E+07	-5.99E+07	-5.72E+07	-3.28E+07	-1.06E+07	-4.21E+07	0	4.75E+06	-2.75E+06
浙江	-6.14E+07	-1.52E+07	-6.86E+07	-6.72E+07	-3.94E+07	-9.17E+06	-2.84E+07	-4.75E+06	0	2.40E+06
安徽	-2.97E+07	-1.84E+07	-8.78E+06	-2.27E+07	-1.31E+07	-4.82E+06	-1.07E+07	2.75E+06	-2.40E+06	0
福建	-1.59E+07	-3.60E+05	-5.26E+06	-9.94E+06	-2.29E+07	-2.51E+06	-7.21E+06	-2.06E+06	-1.20E+06	-1.55E+06
江西	6.95E+06	-1.38E+06	-8.28E+06	-1.07E+07	-1.33E+07	-1.10E+07	-4.00E+06	2.64E+07	5.00E+07	1.90E+07
山东	-7.09E+07	-2.02E+05	-1.42E+07	-1.79E+07	-4.37E+07	-3.54E+06	-2.14E+07	-7.05E+06	-2.88E+06	-6.18E+06
河南	-1.09E+08	-8.00E+06	-6.63E+07	-1.02E+08	-4.45E+07	-1.17E+07	-3.23E+07	-1.04E+07	-9.35E+06	-6.86E+06
湖北	-2.71E+07	-1.73E+07	-1.29E+07	-1.36E+07	-2.45E+07	-4.33E+06	-2.52E+07	-3.67E+06	-2.43E+06	-4.05E+06
湖南	-1.83E+07	-2.80E+06	-1.89E+07	-1.69E+07	-1.20E+07	-2.92E+06	-9.08E+06	-2.47E+06	-2.93E+06	-1.80E+06

续表

	京津冀	山西	内蒙古	辽宁	吉林	黑龙江	上海	江苏	浙江	安徽
广东	-1.24E+08	4.78E+07	4.37E+06	2.48E+07	-9.90E+06	2.60E+07	1.16E+08	1.95E+08	4.72E+08	1.19E+08
广西	-1.24E+07	-1.13E+06	-1.04E+07	-1.09E+07	-1.01E+07	-1.28E+06	-9.98E+06	1.30E+06	2.01E+06	-2.05E+05
海南	6.29E+07	1.65E+05	1.92E+06	7.29E+05	-6.15E+06	6.91E+06	3.24E+07	4.10E+07	2.68E+07	2.38E+06
重庆	-2.97E+07	8.48E+05	-3.38E+07	-3.60E+07	-1.81E+07	-3.23E+06	-1.08E+07	3.20E+06	6.59E+06	2.53E+06
四川	-1.75E+07	2.59E+05	-9.99E+06	-1.50E+07	-2.19E+07	-1.60E+06	-6.53E+06	-2.84E+06	-3.59E+05	-5.89E+05
贵州	3.02E+07	1.67E+06	-5.72E+06	-9.02E+06	-4.77E+06	6.41E+06	-5.90E+06	1.85E+07	2.23E+07	7.65E+06
云南	-4.24E+06	6.04E+05	-6.47E+06	-9.95E+06	-1.21E+07	6.09E+05	-8.58E+06	3.09E+06	5.17E+06	9.86E+05
陕西	-1.11E+07	-1.50E+06	-8.99E+06	-2.02E+07	-1.62E+07	-3.56E+06	-1.49E+07	4.73E+06	8.89E+06	2.10E+06
甘肃	-3.60E+06	-1.81E+05	-1.32E+06	-2.84E+06	-4.86E+06	-4.04E+05	-1.50E+06	9.39E+05	1.49E+06	5.99E+04
青海	1.68E+07	1.26E+05	-4.19E+05	-8.92E+05	-1.14E+06	-7.89E+05	-5.18E+05	6.09E+06	3.22E+06	2.46E+06
宁夏	7.30E+06	6.12E+05	-6.03E+06	-4.96E+06	-1.32E+06	7.63E+05	1.03E+06	5.19E+06	5.44E+06	3.36E+06
新疆	8.53E+07	1.32E+07	2.84E+07	7.58E+06	9.00E+06	1.70E+07	3.25E+07	9.99E+07	1.46E+08	3.58E+07

	福建	江西	山东	河南	湖北	湖南	广东	广西	海南
京津冀	1.59E+07	-6.95E+06	7.09E+07	1.09E+08	2.71E+07	1.83E+07	-1.24E+08	1.24E+07	6.29E+07
山西	3.60E+05	1.38E+06	2.02E+05	8.00E+06	1.73E+06	2.80E+06	-4.78E+07	1.13E+06	-1.65E+05
内蒙古	5.26E+06	8.28E+06	1.42E+07	6.63E+07	1.29E+07	1.89E+07	-4.37E+06	1.04E+07	-1.92E+06
辽宁	9.94E+06	1.07E+07	1.79E+07	1.02E+08	1.36E+07	1.69E+07	-2.48E+07	1.09E+07	-7.29E+05
吉林	2.29E+07	1.33E+07	4.37E+07	4.45E+07	2.45E+07	1.20E+07	9.90E+06	1.01E+07	6.15E+06
黑龙江	2.51E+06	1.10E+07	3.54E+06	1.17E+07	4.33E+06	2.92E+06	-2.60E+07	1.28E+06	-6.91E+06
上海	7.21E+06	4.00E+06	2.14E+07	3.23E+07	2.52E+07	9.08E+06	-1.16E+08	9.98E+06	-3.24E+07
江苏	2.06E+06	-2.64E+07	7.05E+06	1.04E+07	3.67E+06	2.47E+07	-1.95E+08	-1.30E+07	-4.10E+07
浙江	1.20E+06	-5.00E+07	2.88E+06	9.35E+06	2.43E+06	2.93E+06	-4.72E+08	-2.01E+07	-2.68E+07
安徽	1.55E+06	-1.90E+07	6.18E+06	6.86E+06	4.05E+06	1.80E+06	-1.19E+08	2.05E+05	-2.38E+06
福建	0	-4.32E+06	2.82E+04	8.37E+04	-1.54E+08	-6.74E+07	-7.63E+07	-1.13E+06	-6.85E+06
江西	4.32E+06	0	5.23E+06	2.51E+07	2.61E+06	6.72E+06	-5.81E+07	2.06E+06	-3.41E+06
山东	-2.82E+04	-5.23E+06	0	6.29E+05	-4.75E+05	1.11E+05	-1.79E+08	-1.96E+06	-3.29E+06
河南	-8.37E+04	-2.51E+07	-6.29E+05	0	-6.77E+06	1.95E+05	-3.48E+08	-3.82E+06	-8.97E+06
湖北	1.54E+05	-2.61E+07	4.75E+06	6.77E+04	0	-2.68E+05	-1.20E+08	-1.68E+06	-1.77E+07
湖南	6.74E+04	-6.72E+06	-1.11E+05	-1.95E+05	2.68E+05	0	-1.05E+08	-1.51E+06	-9.04E+06
广东	7.63E+07	5.81E+07	1.79E+08	3.48E+08	1.20E+08	1.05E+08	0	1.23E+08	-7.71E+07

	福建	江西	山东	河南	湖北	湖南	广东	广西	海南
广西	1.13E+06	-2.06E+06	1.96E+06	3.82E+06	1.68E+06	1.51E+06	-1.23E+08	0	-8.25E+06
海南	6.85E+06	3.41E+06	3.29E+06	8.97E+06	1.77E+07	9.04E+06	7.71E+07	8.25E+06	0
重庆	3.66E+06	-1.58E+07	1.42E+07	1.88E+07	1.01E+07	5.78E+06	-2.07E+08	2.01E+06	-1.02E+07
四川	1.33E+06	-7.93E+06	1.90E+06	3.58E+06	1.05E+06	9.80E+05	-1.67E+08	-1.12E+06	-5.48E+06
贵州	4.93E+06	4.88E+06	6.34E+06	2.05E+07	4.70E+06	9.35E+06	-2.22E+07	6.73E+06	-8.75E+06
云南	2.11E+06	-4.25E+06	2.82E+06	1.10E+07	2.16E+06	3.37E+06	-1.42E+08	1.99E+05	-8.53E+06
陕西	2.05E+06	-7.48E+06	4.24E+06	1.35E+07	3.23E+06	4.79E+06	-1.18E+08	2.08E+06	-1.06E+07
甘肃	2.83E+04	-1.48E+06	9.66E+04	1.20E+06	1.46E+04	2.96E+05	-2.24E+07	-1.96E+05	-1.61E+06
青海	3.25E+06	1.47E+06	3.65E+06	1.70E+06	2.08E+06	5.44E+06	-6.39E+06	1.88E+05	-5.75E+05
宁夏	6.27E+05	1.07E+06	9.68E+05	7.91E+06	6.21E+05	2.74E+06	-1.91E+07	1.85E+06	-2.35E+06
新疆	6.79E+06	2.59E+07	6.97E+06	1.26E+08	2.25E+07	3.89E+07	6.97E+07	1.44E+07	1.10E+06

	重庆	四川	贵州	云南	陕西	甘肃	青海	宁夏	新疆
京津冀	2.97E+07	1.75E+07	-3.02E+07	4.24E+06	1.11E+07	3.60E+06	-1.68E+07	-7.30E+06	-8.53E+07
山西	-8.48E+05	-2.59E+05	-1.67E+06	-6.04E+05	1.50E+06	1.81E+05	-1.26E+05	-6.12E+05	-1.32E+07
内蒙古	3.38E+07	9.99E+06	5.72E+06	6.47E+06	8.99E+06	1.32E+06	4.19E+05	6.03E+06	-2.84E+07
辽宁	3.60E+07	1.50E+07	9.02E+06	9.95E+06	2.02E+07	2.84E+06	8.92E+05	4.96E+06	-7.58E+06
吉林	1.81E+07	2.19E+07	4.77E+06	1.21E+07	1.62E+07	4.86E+06	1.14E+06	1.32E+06	-9.00E+06
黑龙江	3.23E+06	1.60E+06	-6.41E+06	-6.09E+05	3.56E+06	4.04E+05	7.89E+05	-7.63E+05	-1.70E+07
上海	1.08E+07	6.53E+06	5.90E+06	8.58E+06	1.49E+07	1.50E+06	5.18E+05	-1.03E+06	-3.25E+07
江苏	-3.20E+06	2.84E+06	-1.85E+07	-3.09E+06	-4.73E+06	-9.39E+05	-6.09E+06	-5.19E+06	-9.99E+07
浙江	-6.59E+06	3.59E+05	-2.23E+07	-5.17E+06	-8.89E+06	-1.49E+06	-3.22E+06	-5.44E+06	-1.46E+08
安徽	-2.53E+06	5.89E+05	-7.65E+06	-9.86E+05	-2.10E+06	-5.99E+04	-2.46E+06	-3.36E+06	-3.58E+07
福建	-3.66E+06	-1.33E+06	-4.93E+06	-2.11E+06	-2.05E+06	-2.83E+04	-3.25E+06	-6.27E+05	-6.79E+06
江西	1.58E+07	7.93E+06	-4.88E+06	4.25E+06	7.48E+06	1.48E+06	-1.47E+06	-1.07E+06	-2.59E+07
山东	-1.42E+07	-1.90E+06	-6.34E+06	-2.82E+06	-4.24E+06	-9.66E+04	-3.65E+06	-9.68E+05	-6.97E+06
河南	-1.88E+07	-3.58E+06	-2.05E+07	-1.10E+07	-1.35E+07	-1.20E+06	-1.70E+06	-7.91E+06	-1.26E+08
湖北	-1.01E+07	-1.05E+06	-4.70E+06	-2.16E+06	-3.23E+06	-1.46E+04	-2.08E+06	-6.21E+06	-2.25E+07
湖南	-5.78E+06	-9.80E+05	-9.35E+06	-3.37E+06	-4.79E+06	-2.96E+05	-5.44E+06	-2.74E+06	-3.89E+07
广东	2.07E+08	1.67E+08	2.22E+07	1.42E+08	1.18E+08	2.24E+07	6.39E+06	1.91E+07	-6.97E+07

续表

	重庆	四川	贵州	云南	陕西	甘肃	青海	宁夏	新疆
广西	-2.01E+06	1.12E+06	-6.73E+06	-1.99E+05	-2.08E+06	1.96E+05	-1.88E+05	-1.85E+06	-1.44E+07
海南	1.02E+07	5.48E+06	8.75E+06	8.53E+06	1.06E+07	1.61E+06	5.75E+05	2.35E+06	-1.10E+06
重庆	0	1.27E+07	-8.96E+06	-2.06E+06	-4.59E+06	-2.81E+05	-3.21E+06	-3.19E+06	-1.31E+08
四川	-1.27E+07	0	-9.13E+06	-1.96E+06	-3.11E+06	-1.97E+05	-5.92E+06	-2.10E+06	-4.44E+07
贵州	8.96E+06	9.13E+06	0	5.64E+06	7.68E+06	2.65E+06	-2.40E+06	-1.52E+06	-4.50E+07
云南	2.06E+06	1.96E+06	-5.64E+06	0	-1.36E+06	3.25E+04	-3.27E+05	-2.51E+06	-5.33E+07
陕西	4.59E+06	3.11E+06	-7.68E+06	1.36E+06	0	-2.54E+06	-8.25E+05	-2.62E+06	-6.86E+07
甘肃	2.81E+05	1.97E+05	-2.65E+06	-3.25E+04	2.54E+06	0	-2.64E+05	-4.87E+05	-6.40E+06
青海	3.21E+06	5.92E+06	2.40E+06	3.27E+05	8.25E+05	2.64E+05	0	-7.69E+04	-1.64E+07
宁夏	3.19E+06	2.10E+06	1.52E+06	2.51E+06	2.62E+06	4.87E+05	7.69E+04	0	-1.82E+07
新疆	1.31E+08	4.44E+07	4.50E+07	5.33E+07	6.86E+07	6.40E+06	1.64E+07	1.82E+07	0

附件三：郭珊近年来在国内外高水平期刊上
发表的代表性论文

一、主要作者（第一作者或通讯作者）

[1] KONG W L, HUANG J, NIU L, CHEN S C, ZHOU J H, ZHANG Z F, GUO S. Innovative Framework for Identification and Spatiotemporal Dynamics Analysis of Industrial Land at Parcel Scale with Multidimensional Attributes [J]. Cities, 2025 (162)：105958.

[2] GUO S, TIAN T, GONG B, WAN Y H, ZHOU J X, WU X F. Urban Shrinkage and Carbon Emissions：Demand－Side Accounting for Chinese Cities [J]. Applied Energy, 2025 (384)：125501.

[3] KONG W L, SHEN W C, YU C Y, LU N, ZHOU H X, ZHANG Z F, GUO S. The Neglected Cost：Ecosystem Services Loss Due to Urban Expansion in China from a Triple－Coupling Perspective [J]. Environmental Impact Assessment Review, 2025 (112)：107827.

[4] 郭珊，蒋博，吉雪强. 极端气候对粮食生产的影响与机制研究：兼论农地流转的调节与门槛效应 [J]. 生态学报，2025，45 (7)：3169-3182.

[5] GUO S, ZHAO Q, HE P, WANG Y, ZHANG X. Embodied Black Carbon Emission Transfer Within and Across the Jing－Jin－Ji Urban Agglomeration [J]. Environmental Impact Assessment Review, 2024 (110)：107678.

[6] CHEN Z, AMIN Y, JIANG R, GUO S, WEN Y, ZHENG X. Impact of the Belt and Road Initiative：The Case of Pakistan [J].

Economic and Political Studies，2024，3（12）：235-249.

［7］GUO S，WANG Y. Spatial - Temporal Changes of Land - Use Mercury Emissions in China［J］. Ecological Indicators，2023（146）：109430.

［8］WANG H，LIU N，CHEN J H，GUO S. The Relationship Between Urban Renewal and the Built Environment：A Systematic Review and Bibliometric Analysis［J］. Journal of Planning Literature，2022，37（2）：293-308.

［9］郭珊，韩梦瑶，杨玉浦. 中国省际隐含能源流动及能效冗余解析［J］. 资源科学，2021，43（4）：733-744.

［10］GUO S，LI Y，HE P，CHEN H，MENG J. Embodied Energy use of China's Megacities：A Comparative Study of Beijing and Shanghai［J］. Energy Policy，2021（155）：112243.

［11］SUN X，LIU Y，GUO S，WANG Y，ZHANG B. Interregional Supply Chains of Chinese Mineral Resource Requirements［J］. Journal of Cleaner Production，2020，279（2-4）：123514.

［12］GUO S，HE P，BAYARAA M，LI J. Greenhouse Gas Emissions Embodied in the Mongolian Economy and their Driving Forces［J］. Sci Total Environ，2020（714）：136378.

［13］JIANG L，GUO S，WANG G，KAN S，JIANG H. Changes in Agricultural Land Requirements for Food Provision in China 2003-2011：A Comparison Between Urban and Rural Residents［J］. Sci Total Environ，2020（725）：138293.

［14］GUO S，WANG Y，WANG M，HE P，FENG L. Inequality and Collaboration in North China Urban Agglomeration：Evidence from Embodied Cultivated Land in Jing - Jin - Ji's Interregional Trade［J］. Journal of Environmental Management，2020（275）：111050.

[15] GUO S, WANG Y, SHEN G Q P, ZHANG B, WANG H. Virtual Built-Up Land Transfers Embodied in China's Interregional Trade [J]. Land Use Policy, 2020 (94): 104536.

[16] GUO S, LI Y, HU Y, XUE F, CHEN B, CHEN Z-M. Embodied Energy in Service Industry in Global Cities: A Study of Six Asian Cities [J]. Land Use Policy, 2020 (91): 104264.

[17] GUO S, HAN M, YANG Y, DI H. Embodied Energy Flows in China's Economic Zones: Jing-Jin-Ji, Yangtze-River-Delta and Pearl-River-Delta [J]. Journal of Cleaner Production, 2020 (268): 121710.

[18] GUO S, ZHENG S, HU Y, HONG J, WU X, TANG M. Embodied Energy Use in the Global Construction Industry [J]. Applied Energy, 2019 (256): 113838.

[19] GUO S, JIANG L, SHEN Q P. Embodied Pasture Land Use Change in China 2000-2015: From the Perspective of Globalization [J]. Land Use Policy, 2018 (82): 476-485.

[20] ZHANG L, GUO S, WU Z, ALSAEDI A, HAYAT T. SWOT Analysis for the Promotion of Energy Efficiency in Rural Buildings: A Case Study of China [J]. Energies, 2018, 11 (4): 851.

[21] GUO S, SHEN G Q P, PENG Y. Embodied Agricultural Water Use in China from 1997 to 2010 [J]. Journal of Cleaner Production, 2016, 112 (4): 3176-3184.

[22] GUO S, SHEN G Q P, YANG J, SUN B X, XUE F. Embodied Energy of Service Trading in Hong Kong [J]. Smart and Sustainable Built Environment, 2016, 4 (2): 234-248.

[23] GUO S, SHEN G Q P, CHEN Z M, YU R. Embodied Cultivated Land Use in China 1987-2007 [J]. Ecological Indicators, 2016 (47): 198-209.

[24] GUO S, SHEN G Q P. Multiregional Input–Output Model for China's Farm Land and Water Use [J]. Environ Sci Technol, 2015 (49): 403-414.

[25] HONG J K, SHEN G Q P, GUO S, XUE F, ZHENG W. Energy Use Embodied in China's Construction Industry: A Multi–Regional Input–Output Analysis [J]. Renewable and Sustainable Energy Reviews, 2015 (53): 1303-1312.

[26] GUO S, CHEN G Q. Multi–Scale Input–Output Analysis for Multiple Responsibility Entities: Carbon Emission by Urban Economy in Beijing 2007 [J]. Journal of Environmental Accounting and Management, 2013 (1): 43-54.

[27] CHEN G Q, GUO S, SHAO L, LI J S, CHEN Z M. Three–Scale Input–Output Modeling for Urban Economy: Carbon Emission by Beijing 2007 [J]. Communications in Nonlinear Science and Numerical Simulation, 2013 (18): 2493-2506.

[28] YANG Q, GUO S, YUAN W H, CHEN Y Q, WANG X H, WU T H, ALSAEDI A, HAYAT T. Energy-Dominated Carbon Metabolism: A Case Study of Hubei Province, China [J]. Ecological Informatics, 2013, 26 (1): 85-92.

[29] GUO S, LIU J B, SHAO L, LI J S, AN Y R. Energy–Dominated Local Carbon Emissions in Beijing 2007: Inventory and Input–Output Analysis [J]. Scientific World Journal, 2012 (2012): 923183.

[30] GUO S, SHAO L, CHEN H, LI Z, LIU J B, XU F X, LI J S, HAN M Y, MENG J, CHEN Z M, LI S C. Inventory and Input–Output Analysis of CO_2 Emissions by Fossil Fuel Consumption in Beijing 2007 [J]. Ecological Informatics, 2012 (12): 93-100.

二、其他作者

[1] LI, C Z, TAM, V WY, LAI X L, ZHOU Y J, GUO S. Carbon Footprint Accounting of Prefabricated Buildings: A Circular Economy Perspective [J]. Building and Environment, 2024, (258): 111602.

[2] TANG M, HONG J, GUO S, LIU G, SHEN G Q. A Bibliometric Review of Urban Energy Metabolism: Evolutionary Trends and the Application of Network Analytical Methods [J]. Journal of Cleaner Production, 2021 (279): 123403.

[3] HONG J, ZHONG X, GUO S, LIU G, SHEN G Q, YU T. Water-Energy Nexus and its Efficiency in China's Construction Industry: Evidence from Province-Level Data [J]. Sustainable Cities and Society, 2019 (48): 101557.

[4] MENG J, LIU J, GUO S, HUANG Y, TAO S. The Impact of Domestic and Foreign Trade on Energy-Related PM Emissions in Beijing [J]. Applied Energy. Applied Energy2015 (184): 853-862.

[5] MENG J, LIU J, GUO S, LI J S, LI Z, TAO S. Trend and Driving Forces of Beijing's Black Carbon Emissions from Sectoral Perspectives [J]. Journal of Cleaner Production, 2015, 112 (2): 1272-1281.

[6] HAN M, GUO S, CHEN H, JI X, LI J. Local-Scale Systems Input-Output Analysis of Embodied Water for the Beijing Economy in 2007 [J]. Frontiers of Earth Science, 2014 (8): 414-426.

[7] HAN M Y, SHAO L, LI J S, GUO S, MENG J, AHMAD B, HAYAT T, ALSAADI F, JI X, ALSAEDI A, CHEN G Q. Emergy-Based Hybrid Evaluation for Commercial Construction Engineering: A Case Study in BDA [J]. Ecological Indicators, 2014 (47): 179-188.

[8] SHAO L, CHEN G Q, CHEN ZM, GUO S, HAN M Y, ZHANG B, HAYAT T, ALSAEDI A, AHMAD B. Systems Accounting for

Energy Consumption and Carbon Emission by Building ［J］. Communications in Nonlinear Science and Numerical Simulation, 2014（19）: 1859-1873.

［9］ MENG J, LI Z, LI J, SHAO L, HAN M, GUO S. Embodied Exergy-Based Assessment of Energy and Resource Consumption of Buildings ［J］. Frontiers of Earth Science, 2014, 8（1）: 150-162.

［10］ HAN M Y, CHEN G Q, SHAO L, LI J S, ALSAEDI A, AHMAD B, GUO S, JIANG M M, JI X. Embodied Energy Consumption of Building Construction Engineering: Case Study in E-Town, Beijing ［J］. Energy and Buildings, 2013（64）: 62-72.

［11］ LI J S, DUAN N, GUO S, SHAO L, LIN C, WANG J H, HOU J, HOU Y, MENG J, HAN M Y. Renewable Resource for Agricultural Ecosystem in China: Ecological Benefit for Biogas by-Product for Planting ［J］. Ecological Informatics, 2012（12）: 101-110.

［12］ GAO R Y, SHAO L, LI J S, GUO S, HAN M Y, MENG J, LIU J B, XU F X, LIN C. Comparison of Greenhouse Gas Emission Accounting for a Constructed Wetland Wastewater Treatment System ［J］. Ecological Informatics, 2012（12）: 85-92.

［13］ CHEN G Q, CHEN H, CHEN Z M, ZHANG B, SHAO L, GUO S, ZHOU S Y, JIANG M M. Low-Carbon Building Assessment and Multi-Scale Input-Output Analysis ［J］. Communications in Nonlinear Science and Numerical Simulation, 2011（16）: 583-595.

［14］ LIU L, FU L, JIANG Y, GUO S. Major Issues and Solutions in the Heat-Metering Reform in China ［J］. Renewable and Sustainable Energy Reviews, 2011（15）: 673-680.

［15］ LIU L, FU L, JIANG Y, GUO S. Maintaining Uniform Hydraulic Conditions with Intelligent on-off Regulation ［J］. Building and Environment, 2010（45）: 2817-2822.

后　记

　　本书是基于我多年来的学术积累，对京津冀地区减污降碳进行系统性研究，旨在深化京津冀地区协同治理的理论与现实意义。本书以黑碳作为主要研究对象，从多区域跨尺度和府际合作视角，基于对京津冀各地区黑碳传输及其空间分布的量化，理解其作用机制与影响效应。先从机理上分析京津冀协同治霾的关键问题，再探究京津冀协同治霾对策，使黑碳污染治理由局部走向区域一体化治理，实现三地共同受益、共担成本、共同发展的长效目标。本书通过对京津冀地区虚拟黑碳排放的系统性分析，拟为京津冀地区减污降碳政策的制定提供理论与数据支撑。

　　谨此感谢我的博士导师沈岐平教授和我的硕士导师陈国谦教授，引领我走向学术生涯，并提供无私的指导与帮助。感谢耶鲁大学森林环境系 Karen C. Seto 教授，在我于耶鲁的工作学习期间对我的研究提出了宝贵的意见和建议。我还要感谢我的学生张振垚、夏唯一、何平、王洋、王瑶、张宠雪、赵晴云、曾德琛、林娜、余航、向谭玺、王鑫童、张乐涵等，对该项研究工作的支持。感谢中国人民大学公共管理学院的领导与同事们。感谢大家一直以来对我研究工作的支持与帮助。

　　最后，我要特别感谢我的家人，谢谢你们的理解、支持和鼓励。我也非常感谢中国人民大学公共管理学院、香港理工大学建筑与房地产系和北京大学工学院对我的培养。

在本书即将出版之际，我对所有关心京津冀减污降碳工作，为本研究提供各种资料，给予各种帮助与支持的专家同仁再次表示感谢。

该研究受到国家自然科学基金（项目号：72004225）、教育部人文社科基金（项目号：24YJAZH036）、北京市社会科学基金（项目号：23GLB029；19GLC044）支持。在此一并致谢！

郭珊

2024 年 10 月